本书为国家自然科学基金：充电基础设施PPP模式规范运作的驱动机理及政策设计研究（72003002）的阶段性研究成果

环保 PPP 项目的
生态治理
效应研究

杨 彤◎著

U0244277

中国财经出版传媒集团

经济科学出版社
Economic Science Press

·北 京·

图书在版编目（CIP）数据

环保 PPP 项目的生态治理效应研究/杨彤著 . --北京：
经济科学出版社，2023.9
ISBN 978－7－5218－5219－6

Ⅰ.①环…　Ⅱ.①杨…　Ⅲ.①政府投资－合作－社会
资本－应用－生态环境建设－研究－中国　Ⅳ.①X321.2

中国国家版本馆 CIP 数据核字（2023）第 188627 号

责任编辑：顾瑞兰　陈修洁
责任校对：靳玉环
责任印制：邱　天

环保 PPP 项目的生态治理效应研究
HUANBAO PPP XIANGMU DE SHENGTAI ZHILI XIAOYING YANJIU
杨　彤　著
经济科学出版社出版、发行　新华书店经销
社址：北京市海淀区阜成路甲 28 号　邮编：100142
总编部电话：010-88191217　发行部电话：010-88191522
网址：www. esp. com. cn
电子邮箱：esp@ esp. com. cn
天猫网店：经济科学出版社旗舰店
网址：http://jjkxcbs. tmall. com
北京时捷印刷有限公司印装
880×1230　32 开　7.25 印张　170 000 字
2023 年 9 月第 1 版　2023 年 9 月第 1 次印刷
ISBN 978－7－5218－5219－6　定价：55.00 元
（图书出现印装问题，本社负责调换。电话：010-88191545）
（版权所有　侵权必究　打击盗版　举报热线：010-88191661
QQ：2242791300　营销中心电话：010-88191537
电子邮箱：dbts@ esp. com. cn）

前 言

　　"绿水青山就是金山银山。"近年来，各地方政府在环境保护方面普遍面临污染防治、水生态治理、土壤修复领域的攻坚战。国务院办公厅于 2021 年 10 月 25 日印发《关于鼓励和支持社会资本参与生态保护修复的意见》提出，发挥政府投入的带动作用，探索通过政府和社会资本合作（PPP）等模式引入社会资本开展生态保护修复。由于 PPP 模式具有可以在项目初期引入现金技术和管理经验，且降低融资难度等优点，在广阔的市场需求下，其应用在我国环保领域不断升温。

　　由此，涉及污水处理、供水工程、垃圾填埋场、垃圾焚烧发电、水库改造等领域的环保 PPP 签约落地项目数有序增加。该类项目高度集成、强化绩效约束、强调长期运维、有利于行业发展，基于这些优势，PPP 在生态环保领域大有可为，数量仅次于市政工程、交通运输两个传统行业，是 PPP 重点推进的领域。近年来，利好环保类 PPP 项目的政策也不断推出，为行业发展注入动力。但究竟该类项目对生态治理的影响机理是什么？在实施过程中有何困境？治理的效应如何？未来需要哪些支持？这些问题亟待政府和社会资本参与方全方位的考量，这也是本书撰写的初衷。

本书分为以下几个部分：首先，介绍了相关背景和意义，阐述了环保 PPP 项目对于生态环境治理的重要性。然后，讨论所涉及领域的研究现状，明确了本书的研究范围和研究目的。接着，简要阐明了制度背景，并对环保 PPP 项目促进生态治理的路径进行详细说明。随后，分别对环保 PPP 项目和生态环境治理的发展现状及存在问题进行探讨，并通过实证方法对两者之间的关系进行深层次的剖析。最后，总结了研究结果和结论，从中得到启示并提出了具体的政策建议和未来研究方向。

本书是国家自然科学基金委青年项目"充电基础设施 PPP 模式规范运作的驱动机理及政策设计研究"（课题编号：72003002）的阶段性成果，试图为 PPP 模式在环保领域的规范运作有所贡献，能够引发更多的学者来深入研究政府和社会资本合作模式的规范发展，那么本书的目的就实现了。

参与本书编写的有李欣宇、傅丹丹、袁紫微等。许多组织和学者的研究成果为本书的编写提供了极大的帮助，同时，也要感谢所有参与本研究的调查员和样本单位，他们的积极配合和支持是本研究得以顺利开展的关键。经济科学出版社的责任编辑为本书的出版亦多有操劳，在此一并致以衷心的感谢。限于我们的学识及所掌握的资料，书中不足之处甚多，希望读者能够不吝赐正。

目　录

第 1 章

绪 论

1.1 选题背景

1.1.1 生态环境治理与经济高质量发展的内在逻辑

生态环境治理的核心在于对环境与发展关系的处理，目的在于实现可持续发展。经济高质量发展的根本目的是满足人民对美好生活的需求，通过加大生态环境治理保护力度，推动生态文明社会建设，以达到可以满足人民对生态保护及环境安全提出的更高需求，助力实现经济高质量发展（徐军委，2023）。可见，生态环境治理与经济高质量发展之间存在着必然的内在逻辑。

一方面，生态环境治理是推动经济高质量发展的重要助力。习近平总书记于 2006 年 3 月 8 日在中国人民大学的演讲中，明确提出了"绿水青山就是金山银山"的科学论断。这一论断深刻诠释了生态环境保护与经济发展之间的关系，同时，该论断也警醒我们，过去单纯地依靠牺牲环境为代价来换取经济发展的老路是走不通的，需要重视生态环境这一自然生产力，正确处理它与经济发展的重要关系。具体来说，生态环境治理主要是通过转变经济发展方式、提升绿色发展理念、设立生态红线三种路径来助力经济高质量发展。首先，生态环境治理通过转变经济发展方式来实现经济高质量发展。将生态环境治理置于经济发展之上，这是对如何平衡生态环境治理保护与经济发展二者关系的新认识，也是对过去以发展生产为主、生态保护为辅的旧理念的突破。生态环境治理的严格要求，促使各行各业积极开展技术革新或引入新技术、新设备、新管理经验，不断统筹自身资源来优化自己的生产结构和经营方式，主要包括摒弃过去的粗放式发展模式，将生态环境治理的具体要求纳入经济发展水平的评判范围之内。虽然过去粗放式的经济增长模式为我国带来了较大的经济成效，但以此为目的所造成的生态环境破坏也随之而来。当前，国家对生态环境治理的政策关切，大力推动经济发展方式的转变，使其向绿色化、低碳化发展，这将会有利于我国经济的高质量发展，促进我国兼容生态保护高质量发展政策目标的实现（王育宝等，2019）。其次，生态环境治理通过形成和丰富绿色发展理念来引领经济高质量发展。绿色发展理念的内在逻辑和价值诉求是"如何处理好人与自然、经济发展与环境保护关系"问题，是以实现人与自然、经济发展与环境保护和谐共生为目标的基本发展理念（王培培和陈林云，2019）。其发展与丰富离不开生态环境治理的具体实践，成功的生态环境治理案例能够很好地验证绿色发展理念中的具体要求，也能够达到弥补相关指导思想不足的问题；失败的案例则能够为绿色发展理念的完善提供经验参考，使之逐步完善，进而为后续应用提供指引。基于此，我们应当以绿色发展理念来引领经济高质量发展，主要通过生产方式的绿色化和生活方式的绿色化来实现。最后，生态环境治理通过设立生态红线来倒逼经济高质量发展。所谓生态红线，是指国家为了维护区域生态平衡和生态安全，依据生态系统的结构、功能、特征和保护需求而划定的以维护和提升生态功能为目的的特殊区域（施业家和吴贤静，2016）。国家设立生态保护红线并不是为了限制经济的发展，而是为其提供必要的制度保障，即最低目标，从而建立起经济发展与生态环境治理保护之间的协调关系。国家划定生态保护红线有着重要的积极意义，有利于维护区域内生态系统的基本服务功能、提升生态环境的质量和稳定性、保障和维护生态安全；有利于增强划定区域内高质量发展、绿色发展和可持续发展的生态支撑能力。基于此，生态保护红线作为生态环境治理的重要举措之一，其保护的不仅是生态环境，更是保护生态这一自然生产力，为当前我国经济的高质量发展预备绿色力量。

　　另一方面，经济高质量发展为生态环境治理提供着重要的方向指引和具体要求。经济高质量发展于 2017 年在党的十九大上明确提出，并在同年的中央经济工作会议上得到进一步的阐述，其在发展的目标、方式、内容、结构等方面具有不同的内涵（张占斌和毕照卿，2022）。发展目标方面，经济高质量发展的目标不再局限于经济的增速和规模，还将质量和效益作为重要目标，要求在保护生态环境的基础上，鼓励产业优化升级，不断增强我国的经济综合实力。发展方式方面，经济高质量发展的方式是创新驱动型，是以"创新、协调、绿色、开放、共享"五大发展理念为指引，借助创新节能环保技术来驱动产业绿色升级，提升绿色经济总量，实现高质量发展。发展内容方面，经济高质量发展包括经济量的增长、结构的优化升级和质量的不断提高，其中经济质量的改善多为各方所关注。发展结构方面，高质量发展应坚持以深化供给侧结构性改革为主线，扩大内需，优化升级产业结构，不断提质增效，形成更高效率和更高质量的投入产出关系，实现经济在高水平上的动态平衡（刘伟和陈彦斌，2022）。基于此，经济高质量发展主要是通过三条路径来指引和要求加强生态环境保护治理。首先，经济高质量发展在目标、方式、内容、结构等方面的多重内涵使得生态环境治理被提到了一定的高度，加上"双碳"目标的约束，生态环境的治理效果如何，已然成为评判经济发展质量高或低的重要指标。因此，对于各级政府来说，需要加大生态环境治理和保护力度，完善治理保障机制，谋定而后动，推动区域内生态环境污染治理体系的建设。其次，经济高质量发展以创新为核心驱动力，通过不断创新治理手段和治理技术来为生态环境治理贡献科技力量。从已有的发展经验来看，缺少技术创新势必会造成资源浪费、生态破坏、环境污染、生产低效率等问题，进而制约经济的发展，使经济丧失可持续发展的能力，所以我国应积极把握发展机遇，加大科研创新投入，提高技术创新水平，从而促使企业生产效率和资源利用率的提升，为我国经济高质量发展增添力量。最后，经济高质量发展讲求全面、协调、可持续，并以此要求生态环境治理应当点面相结合。因此，相关主体应共同建立起一个覆盖面广、办事效率高的联防联控治理机制，积极做到彼此间信息共享，共同参与生态环境问题的治理，从而提高生态环境的治理效率，反向促进经济发展的高质量。

因此，生态环境治理与经济高质量发展之间关系紧密，即生态环境治理是推动经济高质量发展的重要助力，经济高质量发展能为生态环境治理提供重要的方向指引和具体要求。随着近年来环保类 PPP 项目作为增强生态环境治理能力的重要形式被越来越多的应用，其实施是否能切实有效地提升当地的环境治理效率，关乎当地的经济发展质量，所以本书对此进行研究分析具有实际意义。

1.1.2　多元共治环境治理体系与环保 PPP 项目的应用

改革开放以来，以"高投资、高能耗、高污染"为特征的粗放型发展模式，在促进经济快速增长的同时，也在一定程度上导致了资源的过度开发以及低效利用，未能与生态环境形成和谐发展的局面（逯进等，2020；石磊，2022）。另外，随着城镇化进程的加快，城镇人口数量和密度快速攀升，随之产生的污水以及垃圾等环境污染物也不断增加。这对我国环境公共基础设施及服务的供给提出了更高的要求。党的十八大以来，党和国家坚定不移走生态优先、绿色发展道路，将绿色理念贯穿于经济社会发展的各个环节，持续推动美丽中国建设，致力于让人民群众不仅能享受绿色发展红利，也能获得生态环境改善带来的幸福感。习近平总书记曾在多个场合谈及生态环境治理和绿色发展问题，强调要切实解决好群众关心关注的环境问题，要让良好生态环境成为人民生活质量提高的新增长点。为践行生态发展之路，党的二十大报告对此作出了重大部署，指出要实施全面节约战略，发展绿色低碳产业，倡导绿色消费，多方统筹协调以应对气候变化，加快实现经济绿色发展转型。由此可见我国践行绿色发展承诺的恒心与毅力。

构建现代环境治理体系是改善我国生态环境的重中之重。而如何有效解决当前污染治理能力与生态建设客观需求不匹配、传统环境治理模式与系统性污染治理实际不契合的矛盾，成为合理构建现代环境治理体系的关键。我国环境治理模式以政府为主体，企业作为环境污染的最大排放者与政府环境规制的主要对象，受制于市场环境不规范与作用渠道不通畅，难以发挥其治理优势。此外，社会公众主体因监督平台与反馈机制建设的不健全而长期处于"缺位"状态，使其无法对环境污染治理效果形成有益补充。我国当下的环境治理模式正处于从政府单维治理向政府与企业、公众多元共治过渡的转型期。在污染治理重心向系统性治理转移的背景下，加快构建以政府为主导、企业为主体、社会公众积极参与的多元共治现代环境治理体系，成为有效整合治理主体自身优势、切实提升环境污染治理能力的必然选择（余泳泽和尹立平，2022）。如何更有效地促进政府与企业主体间的良性互动，最大化发挥市场机制对资源配置的决定性作用，进而为环境污染防治提供稳定的长效机制是当前的迫切任务。对此，2014 年以来，我国政府将市场机制引入环境治理领域，通过与社会资本的合作来完成过去由政府部门单独负责完成的事务（敬义嘉，2014），在环境治理目标下开展多元主体间的合作。特别是我国正在大力推进生态文明建设，在环境治理领域引入市场竞争与合作机制，能够激发公共服务供给机制的活力，从而显著提高环境质量。因此，环保 PPP 模式是建设生态文明、改善环保服务供给现状的必然选择。

PPP 模式具有利益共享、风险共担的特征，有利于激发各类市场主体活力、缓解政府财政压力、提高项目运行效率，是我国供给侧结构性改革的重要抓手（凤亚红等，2018）。自 2014 年起，国家相关政策的持续出台，以及各级地方政府的支持，加速推进了 PPP 模式广泛应用于污水处理、垃圾整治、气体排放等多个生态环境保护领域，环保 PPP 快速发展，入库与落地数量持续攀升。但与此同时，由于 PPP 模式推行时间较短，相关政策及法律体系仍有待完善，导致部分地方政府对 PPP 模式的理解出现偏差，将 PPP 模式异化为融资工具，出现了一批"伪 PPP 项目"，不仅使项目运行未达到预期成效，甚至在一定程度上增加了地方政府隐性债务风险（汪峰等，2020）。为规范 PPP 模式的发展，2017 年财政部通过强化监管、严控风险等手段，严格禁止地方政府通过 PPP 模式变相举债行为，并对不符合要求的 PPP 项目进行集中清退。同时，财政部不断出台政策文件以促进 PPP 模式的规范发展，譬如，2022 年 11 月财政部印发《关于进一步推进政府和社会资本合作（PPP）规范发展、阳光运行的通知》，要求做好项目前期论证、推动项目规范运作、严防隐性债务风险、保障项目阳光运行，使项目实施更加理性。随着一系列政策文件的出台，我国 PPP 模式已从项目数量迅速增长的"提量"阶段迈入项目规范发展的"提质"阶段。在环境治理和保护领域引入 PPP 模式，调动社会资本参与，是我国深化供给侧结构性改革背景下的必然选择，也是提高环保领域专业化、市场化的有效手段，更是提升环境治理现代化水平、深入打好污染防治攻坚战的重要抓手。目前，环保领域已成为我国 PPP 模式的主要适用及重点推进领域之一，PPP 模式也成为我国由政府提供的环境公共基础设施及服务领域项目融资的重要途径。截至 2020 年 12 月末，财政部政府和社会资本合作中心（CPPPC）项目管理库中环保 PPP 项目累计入库 2897 个，占管理库总项目的 31.34%，其中落地项目 2456 个，项目落地率（即处于执行阶段的项目与总发起项目的比值）达 84.78%[①]。

———————————

[①] 资料来源：财政部政府和社会资本合作中心项目管理库。

PPP 模式在我国大规模实施推行的时间仍相对较短，尚处于不断探索、规范发展阶段，加之在实践层面出现过一系列问题，因此，学术界对 PPP 模式的探讨也由热转冷，公众对于采用 PPP 模式提供公共基础设施及服务能否达到促进项目提质增效、缓解财政支出压力等预期的怀疑也层出不穷（梅建明和邵鹏程，2022）。综上，分析环保 PPP 项目与环境治理效率之间的内在关系，对于促进环保 PPP 项目发展、推进环保领域市场化改革具有重要意义。基于此，本书以环保 PPP 项目为研究对象，将微观项目数据和宏观环境治理数据相匹配，通过理论分析与实证研究相结合的方式深入探究我国环保 PPP 项目的实施是否切实有效地提升了生态治理效率，并进一步分析哪些因素在这一作用机制中发挥了关键作用，以期为构建现代生态环境治理体系提供新思路。

1.2　研究意义

1.2.1　理论意义

第一，有助于丰富 PPP 模式的理论内涵。环保类 PPP 项目作为政府提供环境基础设施和服务的重要手段，具有缓解政府财政压力、促进项目提质增效等优势。但我国现有文献对环保类 PPP 项目的研究主要针对 PPP 模式在环保领域的适应性、项目存在的风险及影响项目落地的因素等方面，对于环保 PPP 项目落地效果的研究相对欠缺。因此，本书重点关注环保 PPP 项目实施成效，从理论上深入分析实施环保 PPP 项目对环境治理效率的影响效应，对于丰富 PPP 模式尤其是环保 PPP 项目的理论内涵具有重要意义。此外，本书也从项目落地规模视角具体探析了 PPP 模式应用于生态治理的实际成效，并着重从政府治理能力与行为选择等外部因素进行了深入分析，从而为优化 PPP 模式应用于生态环境领域治理提出建议。这在某种程度上也是对学术界关于该领域研究视角的进一步充实。

第二，为环保领域市场化改革背景下通过 PPP 模式提供环境公共基础设施和服务提供理论支撑。现有文献重点就技术创新、经济发展水平、财政分权、环境分权、税收竞争、环境规制等宏观因素对环境污染及治理的影响进行分析，鲜有文献从 PPP 模式这一视角对其展开研究。而环保领域作为 PPP 模式主要应用领域之一，有着可以提高经济、社会和环境综合效益的作用，特别是在生态环境治理方面表现明显。因此，本书尝试将环保 PPP 项目与环境治理效率纳入同一研究框架，理论分析二者之间的内在联系，并对不同内外部关联因素下环保 PPP 项目对环境治理效率影响效应的异质性展开研究，同时引入机制变量，研判环保 PPP 项目对环境治理效率的作用机制，为通过实施环保 PPP 项目提高环境治理效率提供了理论参考。此外，本书也尝试从环保类 PPP 项目落地规模对环境污染治理能力的影响角度进行了研究，通过作用机制检验、异质性分析和优化路径探索，探析了环保类 PPP 项目落地规模对生态环境治理的实际作用效果，从而为环保领域市场化改革背景下通过 PPP 模式提供环境公共基础设施和服务提供相应的理论支撑。

1.2.2 现实意义

第一，"绿色、生态、低碳、循环"是当今我国社会发展的要求，环保行业的发展也成为了国家和人民群众所关心的焦点。环保 PPP 项目包括垃圾污水处理以及环境综合治理等领域的项目，这些领域是我国城镇化以及生态文明建设的重要内容，不仅能够改善生态环境质量还可以满足民生需要，同时也是社会公众能够直接感受到治理成效的重点领域。自 2017 年以来，虽然受防范金融风险等政策因素影响，环保 PPP 项目入库数量和投资金额降低，但实施环保 PPP 项目仍是地方政府开展环境保护和治理的主要手段之一。一方面，本书从实证层面检验了数年来 PPP 模式在我国环境治理领域的实施是否达到了污染防治能力提升的实践预期，为未来通过市场化工具创新环境治理模式、深化环境治理市场化改革提供了有力证据。另一方面，本书厘清了环境类 PPP 项目提升污染治理能力的传导路径，同时进一步识别了在不同特征下环境类 PPP 项目污染治理效应的具体表现，有利于为环境治理领域 PPP 模式精准施策提供针对性指引。通过对环保 PPP 项目与生态环境治理效率之间的关系进行讨论，并为进一步规范环保 PPP 项目发展提出一定可行的建议，对于促进环保领域市场化改革、构建现代生态环境治理体系具有重要的现实意义。

第二，现有文献对生态环境治理效率的研究仍以省级层面数据为主。然而，由于环境污染具有明显的区域特征，因此，地市级政府在环境污染治理中发挥着重要作用。受政策支持、城镇化进程等因素影响，同一省内不同地市生态环境治理效率可能存在较大差别。因此，本书将着重分析地市级政府环保 PPP 项目对生态环境治理效率的影响，其研究结论及建议具有更强的针对性。另外，区别于已有研究从项目结构设计或运行合理与否等内部视角研判环境类 PPP 落地项目污染治理成效的制约因素，本书更加关注 PPP 项目的治理效应是否受到政府治理能力与行为选择等外部因素的影响。通过异质性检验，本书尝试从厘清政府作用边界、提高 PPP 项目规范化重视度以及完善财政信息公开等视角对优化环境类 PPP 落地项目污染治理效应提出建议，为加快落实地方政府治理主体责任与健全环境治理市场体系提供参考。

1.3　研究内容

1.3.1　研究方法

1.3.1.1　文献分析法

通过系统梳理国内外相关经典文献、最新成果中关于 PPP 模式、环保领域 PPP 项目、生态环境治理以及生态环境治理效率等方面的研究，并对已有文献进行整理以及对相关结论进行总结提炼，为厘清环保 PPP 项目与生态治理效率二者之间可能的影响效应与传导机制奠定了一定的理论基础，同时为实证部分各变量的选取与测度提供了充分的理论依据。

1.3.1.2 规范分析法

在系统梳理已有国内外经典文献及最新成果的基础上，根据本书的研究背景及研究目的，详细论述了环保 PPP 项目对生态环境治理效率的影响效应及影响机制，并通过绘制作用机制图的方式直观展示二者间的具体传导机制，使本书的相关理论分析更加清楚和规范。

1.3.1.3 实证分析法

本书通过 DEA 模型对被解释变量环境治理效率进行测度，并通过财政部 CPPPC 项目管理库、各省份统计年鉴、《中国城市统计年鉴》、《中国环境统计年鉴》以及政府工作报告和相关的政府门户网站来获取必要数据，构建环保 PPP 项目综合指标体系，并利用熵权法衡量解释变量环保 PPP 项目。然后，在此基础上，分别构建随机面板 Tobit 模型、双向固定效应模型，以此深入研究环保 PPP 项目对环境治理效率的具体影响以及作用机制，并将理论研究与实证分析充分结合。

1.3.2 研究框架

本书主要研究环保 PPP 项目与生态治理效率二者之间的关系，通过对财政部 CPPPC 项目管理库中环保 PPP 项目微观数据进行整理并匹配到 2014～2020 年地级市面板数据，研究环保 PPP 项目的实施是否能有效提高环境治理效率，同时，为厘清环保 PPP 项目对环境治理效率的作用机制，进一步引入了机制变量"环保支出压力"以及"绿色技术创新"，并对不同内外部关联因素下环保 PPP 项目对环境治理效率的异质性影响进行分析。此外，也从项目落地规模角度进行了研究，本书通过搜集整理 2015～2019 年我国 256 个地级市面板数据，采用 Clad 模型与固定效应模型评估环境类 PPP 项目落地规模对污染治理能力的影响，并构建中介效应模型对其作用机制展开分析；最后结合理论研究及实证分析的结果，提出相应的对策建议。

本书具体包括以下 7 个部分。

第 1 章，绪论。首先，对本书的研究背景、研究意义进行说明，并对国内外研究现状进行综述，通过阐述和总结现有研究结论，确定本书研究的切入点；然后对本书的研究框架、研究方法等进行叙述，并通过与已有研究进行对比提出本书的创新与不足之处。

第 2 章，理论基础与文献综述。首先，介绍了环保 PPP 项目以及环境治理效率的相关概念；其次，对相关理论基础进行说明；最后，从与 PPP 模式相关、环境治理政策工具和 PPP 模式环境治理效应三个方面对已有研究进行了梳理，并形成文献评述。

第 3 章，制度背景与理论分析框架。首先，介绍了 PPP 模式的起源以及服务我国的功能定位；其次，就 PPP 模式在我国环保领域的应用和落地情况进行了介绍；再次，对环保 PPP 项目应用于生态治理的基本依据做了分析，即提质增效的理论依据和舒缓财政压力的现实依据；最后，对环保 PPP 项目如何促进生态治理进行了路径和机制分析。

第 4 章，环保 PPP 项目与生态环境治理的发展现状与问题分析。首先，从多角度分析了我国目前环保 PPP 项目发展情况及存在的问题；其次，参考梅建明和绍鹏程（2022）的方法，通过构建环保 PPP 项目综合指标体系代替 PPP 落地率等单一指标对环保 PPP 项目发展质量进行测度，详细说明指标选取以及构建依据，并采用熵权法对环保 PPP 项目综合指标赋权，同时对测度结果进行分析；最后，以现有文献为基础，合理选择环境治理效率的投入产出指标，通过以产出为导向的 DEA - BCC 模型对目前我国环境治理效率进行测算，并分析测算结果。

第 5 章，环保 PPP 项目落地规模与污染治理。首先，进行理论分析并得出实证假设；其次，设定计量、进行变量选取与说明、选择研究样本、说明数据来源并进行描述性统计，采用 Clad 模型与固定效应模型评估环境类 PPP 项目落地规模对污染治理能力的影响，并构建中介效应模型对其作用机制展开分析，其间也进行稳定性检验；再次，从异质性和优化路径两个方面进一步展开讨论，分析项目审批效率高低、财政承受能力强弱和地区社会资本参与的充分程度是否影响环境类 PPP 项目落地所产生的污染治理效应，以及厘清政府作用边界、提升 PPP 项目规范化管理的重视程度和财政透明等方面能否作为环境类 PPP 落地项目对于污染治理效应的优化路径；最后，对理论分析以及实证检验的结论进行总结归纳，并基于研究过程中的相关发现以及研究结论提出相应的政策建议。

第 6 章，环保 PPP 项目与环境治理效率。首先，设定计量模型、进行变量选取与说明、选择研究样本、详细说明数据来源并进行描述性统计；其次，通过随机面板 Tobit 模型对环保 PPP 项目与环境治理效率的关系进行回归分析，并进行稳健性检验以及内生性检验，验证回归结果的稳健性，厘清环保 PPP 项目对环境治理效率的作用机制，检验环保 PPP 项目是否通过减轻政府环保支出压力以及促进绿色技术创新进而提高环境治理效率；再次，进行异质性分析，分析在不同外部条件如市场化水平、环境规制强度以及不同内部因素如项目合作期限、回报机制下，环保 PPP 项目对环境治理效率的影响是否存在异质性；最后，对理论分析以及实证检验的结论进行总结归纳，并基于研究过程中的相关发现以及研究结论提出相应的政策建议。

第 7 章，研究结论与政策启示。首先，对理论分析以及实证检验的结论进行总结归纳；其次，基于研究过程中的相关发现以及研究结论，提出相应的政策建议。

本书的研究框架如图 1 - 1 所示。

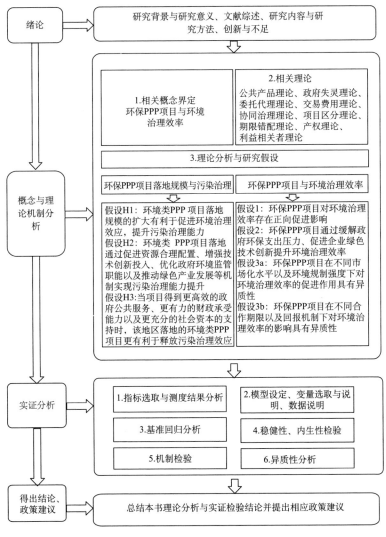

图 1 - 1　研究框架

1.4 创新与不足

1.4.1 创新

其一，目前 PPP 模式在环保领域得到大力推行，但已有文献主要对环保领域应用 PPP 模式的可行性、必要性以及面临的风险和问题进行深入分析，针对环保 PPP 项目实施成效的研究较为匮乏。目前国内外学者从多角度对影响环境治理成效的因素展开了广泛研究，但鲜有学者关注到 PPP 模式这一环保领域重要供给方式对环境治理效率的影响。另外，现有文献对 PPP 模式的实证研究略显欠缺。对此，本书第 5 章采用 Clad 模型与固定效应模型评估环境类 PPP 项目落地规模对污染治理能力的影响，构建中介效应模型对其作用机制展开分析，同时，在第 6 章通过构建面板 Tobit 模型以及双向固定效应模型实证分析了环保 PPP 项目对环境治理效率的影响效应以及作用机制，将定性与定量方法相结合，对环保 PPP 项目是否有利于提高生态环境治理效率展开探讨，在研究视角和方法上具有一定的创新性。

其二，关于环保 PPP 对生态治理效应的分析方法从实证角度有待进一步深入。已有研究通常用 PPP 项目落地率、投资规模等单一总量指标对 PPP 进行衡量，这种单一总量指标未能充分考虑

PPP 项目的内在特征。因此，为更好地衡量环保 PPP 项目发展质量，本书基于财政部 CPPPC 项目管理库中项目的微观信息，根据环保 PPP 项目特性选取 7 个指标，并通过熵权法进行赋权加总，构建了环保 PPP 项目综合评价指标体系，相较于以往文献更具系统性与全面性。此外，现有研究大多缺乏对环境类 PPP 项目污染治理效应影响机理与异质性层面的考察，关于提升路径的讨论也更多停留在项目的内部要素。考虑到地市级政府在环境治理中具有重要作用，本书着重分析地市级政府环保 PPP 项目对环境治理效率的影响；通过将项目微观层面的信息进行整理，并与地市级宏观层面数据进行匹配，为研究提供了微观层面的支撑。

1.4.2 不足

其一，时间跨度有限。基于环保 PPP 项目具体信息的可获得性，本书环保 PPP 项目数据主要来自财政部 CPPPC 项目管理库，鉴于项目管理库中入库项目集中在 2014 年以后，因此本书选取的环保 PPP 项目样本落地时间主要在 2014 年，即 PPP 模式得到大力推广以后，导致样本研究的时间长度相对有限。同时，由于时间跨度有限，对于合作周期较长的环保 PPP 项目，其在前期准备运营阶段所需时间更长、投入更多，导致短期内其对环境治理效率的具体影响难以有效体现，有待进一步研究。

其二，本书的被解释变量环保 PPP 项目数据均来自财政部 CPPPC 项目管理库，由于项目管理库中部分项目信息存在更新不及时、不充分等问题，因此有少量环保 PPP 项目因为更新停滞而被要求限期完善，导致无法查看项目具体信息，从而造成少量环保 PPP 项目未能统计在内。另外，项目管理库将 PPP 项目分为 17 个子类，并未有专门的环保大类，因此环保 PPP 项目分散于以市政工程以及生态建设与环境保护为主的各类别中，且由于一个环保 PPP 项目往往具有多重属性，例如，污水及垃圾处理项目可能属于市政工程也可能属于生态建设与环境保护。因此，虽然本书对环保 PPP 所有在库项目进行反复筛选核对，但仍可能存在极少数具有环保属性的项目未统计在内的情况。

1.5　本章小结

本章对研究背景和研究意义进行了说明，并对 PPP 模式在我国的发展现状进行了介绍，确立了本书研究的切入点。首先，本章从我国生态环境治理与经济高质量发展的内在逻辑以及多元共治环境治理体系的建设与环保 PPP 项目的应用情况两个方面对研究背景进行了介绍。一方面，随着我国社会经济的不断发展，经济高质量发展与生态治理的内在关系越来越紧密，生态环境治理已然成为推动经济高质量发展的重要助力，经济高质量发展又为生态环境治理提出了重要的方向指引和具体要求。近年来，PPP

模式在生态环境治理领域应用不断增多，其能否切实有效地提升当地的环境治理效率，关乎当地的经济发展质量，因此，对此进行研究具有一定的实际意义。另一方面，随着"双碳"战略目标的提出，我国环境治理迈入重点攻坚与精准突破阶段，加之党的二十大对"深入推进环境污染防治"的明确要求，加快构建现代多元环境治理体系已经成为改善我国生态环境的重中之重。在 PPP 模式应用于环境治理领域方面，随着国家和地方支持政策的不断加码，我国生态建设与环境保护行业 PPP 模式发展迅速，涉及污水处理、垃圾整治、海绵城市、气体排放与湿地绿地养护等多个领域，PPP 项目入库及落地数量迅速上升。但与之而来的问题逐渐显露，如相关政策及法律体系不完善、PPP 模式异化为融资工具等，引发公众对 PPP 模式的质疑。基于上述的分析，深入探究我国环保 PPP 项目的实施是否切实有效地提升了生态治理效率，以及哪些因素在这一作用机制中发挥了关键作用显得尤为重要。其次，本章从理论与现实两个角度进行了研究意义的分析。理论意义方面，本书的研究有助于丰富 PPP 模式的理论内涵，并为环保领域市场化改革背景下通过 PPP 模式提供环境公共基础设施和服务提供理论支撑；实际意义方面，本书聚焦于当前我国"绿色、生态、低碳、循环"的发展要求，结合实证分析，探析环保 PPP 项目对生态环境治理效率的影响，厘清了环境类

PPP 项目提升污染治理能力的传导路径，同时，进一步识别了在不同特征下环境类 PPP 项目污染治理效应的具体表现，为进一步规范环保 PPP 项目发展提出一定可行的建议，对于促进环保领域市场化改革、构建现代生态环境治理体系具有重要的现实意义。

此外，本章也对本书的研究方法、研究框架等进行了具体阐述，并结合对已有研究的对比分析，提出了本书的创新与不足之处。另外，为了便于读者更为清晰地理解本书的写作思路和具体内容，本章还构建了本书的研究框架。关于本书研究可能的创新，主要有两点：一是丰富了环保 PPP 项目实施成效的研究，通过定性和定量分析相结合的方法，对环保 PPP 项目是否有利于提高生态环境治理效率展开探讨，在研究视角和方法上也具有一定的创新性；二是基于微观数据信息构建了环保 PPP 项目综合评价指标体系，与以往研究相比更具系统性和全面性，同时将项目的微观数据与地级市宏观层面数据进行匹配，也为研究提供了来自微观层面的支撑。本书研究的不足主要有两点：一是时间跨度有限。本书环保 PPP 项目数据主要来自财政部 CPPPC 项目管理库，鉴于项目管理库中入库项目集中在 2014 年以后，因此本书选取的环保 PPP 项目样本落地时间主要在 2014 年，即 PPP 模式得到大力推广以后，导致样本研究的时间长度相对有限；二是被解释变量环保 PPP 项目数据有所遗漏。由于环保 PPP 项目的数据均来自财政部 CPPPC 项目管理库，考虑到项目管理库中部分项目信息存在更新不及时、不充分等问题，因此有少量环保 PPP 项目因为更新停滞而被要求限期完善，导致无法查看项目具体信息，从而造成少量环保 PPP 项目未能统计在内。另外，由于项目管理库将 PPP 项目分为 17 个子类，且并未有专门的环保大类，需要人工手动去反复筛选核对，所以仍可能存在极少数具有环保属性的项目未统计在内的情况。

第2章
理论基础与文献综述

2.1 概念界定

2.1.1 环保 PPP 项目

PPP 为 public-private partnerships 的简写，目前主要翻译为公私合作、公私伙伴或政府和社会资本合作等，本书根据财政部官网将其翻译为政府和社会资本合作。目前，国内外对 PPP 尚未形成一致的定义，国际上各主流机构对 PPP 的定义主要包括：（1）联合国发展计划署（1998）认为，PPP 是政府基于某个项目与营利性企业或非营利性组织达成合作，在合作中各参与方共同承担项目风险与责任；（2）欧盟委员会（2003）认为，PPP 是公共部门与私人部门合作，共同提供传统上仅由公共部门提供的公共产品或服务，有效整合公共部门与私人部门的各自优势，共担风险，提高公共产品及服务的供给效率①；（3）世界银行认

① European Commission. Guidelines for Successful Public-Private Partnerships［EB/OL］. 2003.

为，PPP 是政府部门在公共基础设施和服务领域与私营部门达成的长期合作[①]。同时，国内外学者也对 PPP 进行了解释，科彭扬（Koppenjan，2005）认为，PPP 是公共部门和私人部门为整合各自在公共基础设施和服务领域的资源达成合作，并对项目的全生命周期的利益和风险进行分配。贾康和孙洁（2009）认为，PPP 是一种政府和社会资本基于利益共享和风险共担原则达成合作，由二者共同提供公共领域基础设施及服务的模式。通过分析各主流机构以及部分学者对 PPP 的定义，可以发现 PPP 的本质为政府部门与私人部门就提供公共基础设施和服务形成长期合作，改变以往仅由政府提供公共基础设施和服务的局面，通过政府与私人部门共同合作成立项目公司，将政府和私人部门共同作为项目的供给方，让私人部门负责项目的筹资、建设、运营以及移交等阶段。并且 PPP 模式具有利益共享、风险共担、合作共赢的特征，在 PPP 项目中，政府和私人部门通过股权等形式共同参与项目，二者也共同承担项目所带来的利益以及风险。

目前，国际上尚未对 PPP 形成统一的定义，因此对 PPP 项目的分类也存在一定差别。本书主要以我国财政部 CPPPC 项目管理库的分类标准为依据，将我国 PPP 项目分为城镇综合开发、交通运输、农业、林业、生态建设和环境保护等 19 个子类[②]。鉴

---

① World Bank. Public-Private Partnership Units ［R］. 2007：2.

② 财政部 CPPPC 项目管理库将 PPP 项目分为保障性安居工程、城镇综合开发、交通运输、农业、教育、科技、林业、旅游、能源、社会保障、生态建设和环境保护、体育、市政工程、文化、养老、医疗卫生、政府基础设施、水利建设和其他 19 个子类。

于具有环境保护作用的项目具有多重属性，除生态建设和环境保护领域外，还分散在市政工程、林业等子类中，因此本书进一步对财政部 CPPPC 项目库中的项目进行整理，发现目前 PPP 模式在环境治理领域主要通过三种途径支持生态文明建设。首先，通过污水、垃圾处理等项目助力循环发展；其次，通过水环境综合整治、人居环境整治等项目支持绿色发展；最后，通过林业建设、景观绿化等项目促进低碳发展。基于此，根据环保 PPP 项目特性并参考夏颖哲（2022）的研究，本书将这些具有保护环境、助力绿色低碳发展作用的 PPP 项目定义为环保 PPP 项目。可以看出，环保 PPP 项目涉及污水处理、垃圾焚烧发电、环境综合治理、景观绿化等多个领域，对于加强污染防治、改善环境质量具有重要作用。

2.1.2 环境治理效率

"效率"在经济学研究中具有重要意义，目前研究效率的主流经济学学派主要有新古典经济学派及新制度经济学派。新古典经济学派从资源稀缺这一事实出发，认为当资源配置达到帕累托最优时就实现了经济效率。帕累托最优这一概念意大利经济学家维弗雷多·帕累托最早提出并使用，帕累托最优是指一种理想的资源分配状态，即对有限的资源进行分配时，从一种分配状态转变为另外一种分配状态的过程中，在没有其他人情况变得更坏的前提下，至少有一个人情况变得更好。而帕累托最优状态是指任何一个人都无法在让自己的情况变得更好的同时保证其他人的情况没有变得更差。帕累托最优状态又被称为经济效率，要想达到帕累托最优状态，必须要满足生产的最优条件、交换的最优条件以及生产和交换的最优条件，即消费者获得最大效用、生产者获取最大利润以及生产要素所有者取得最大收入。但由于市场不确定性等存在，交易成本使得帕累托最优状态在现实中难以存在，对此，与新古典经济学不存在交易成本的假设不同，在新制度经济学中交易成本作为重点研究内容，对效率的定义也属于"次优"而非"最优"，即现实世界无法实现理想状态下的最优，只能存在次优。交易成本理论最早由科斯提出，指在现实的经济交易中，人们自愿交往、为达成合作交易所付出的各项成本，包括信息成本、议价成本、违约成本等。正因为存在交易成本，才产生了一些用于降低交易成本的制度安排，而组织效率的高低则取决于组织内部的治理机构是否能够降低交易成本。交易成本理论认为追求交易成本最小化导致对经济活动组织形式以及行为的不同，而交易成本受到制度环境尤其是产权制度影响，而产权经济学则通过研究产权结构从而消除市场机制中的机会成本，进而达成提高市场运行效率等目的。因此，新制度经济学将交易费用作为判断效率的标准，认为节约交易费用相当于提高效率。

环境治理效率是针对环境治理而言的，主要是解决环境污染治理以及环境资源配置问题，可以用来衡量环保项目是否达到预期目标。而环境治理包括污水处理、垃圾处理、人居环境整治、环境综合治理等多方面的内容，具有一定的特殊性，例如，水环境综合治理等难以通过完全竞争的市场化机制供给。因此，环境治理效率需根据其特点具体分析，本书认为，环境治理效率应满足一定的经济效率。基于前文新古典经济学家派及新制度经济学派对效率的理解，如果想实现经济效率，那么资源一定要得到有效的配置，在现实生活中这主要表现为投入和产出之间的比率，即最大限度利用现有的人力、物力以及财力等，通过化零为整等方式降低交易成本、优化资源配置，尽可能以最小的成本投入取得最大的效益产出。因此，环境治理效率可以理解为在一定的人力以及资金投入下各种污染得到的治理程度。

2.2　理论基础

2.2.1　公共产品理论

"公共产品"这一概念最早于 1919 年由瑞典财政学家林达尔提出。而后，保罗·萨缪尔森于 1954 年在其文章《公共支出的纯粹理论》中基于消费竞争性的视角详细区分了公共产品和私人产品，认为如果一个人消费某种产品或劳务并不会影响其他人消费这种产品或劳务，那么这种产品或劳务就可以称为公共产品。其后，奥尔森又从技术排他性角度重新对公共产品进行定义，认为一个物品如果不能适当排斥其他人对其消费就是公共产品。后来，西方经济学家们通过不断整合，将经济产品划分为纯公共产品、准公共产品以及私人产品三大类，其中，纯公共产品是指具有完全的受益的非竞争性以及消费的非排他性的产品，如国防、外交等；私人产品是指可以由个别消费者占有并享用，即不具有非竞争性和非排他性的产品，如衣物、食物等；而准公共产品是指介于二者中间，即具有有限的非竞争性以及非排他性的产品，如教育、交通等。

由于公共产品存在非竞争性以及非排他性的特征，并且公共产品的提供存在外部性，每个人都想最大程度上不付或者少付成本享用公共产品或服务，这不可避免会产生"搭便车"等问题。因此，尽管提供公共产品给社会所产生的效益要高于其提供成本，但私人也不愿意提供该类产品，依靠市场提供公共产品会导致公共产品供给无法满足实际需求等一系列问题，造成市场失灵，导致只能由政府提供公共产品。而环保 PPP 项目的实施对象主要是环境公共基础设施及服务，由于环境资源具有非竞争性和非排他性，且环境治理的受益对象主要是社会公众，具有公益性特征，因此，以往的环境治理项目主要由政府进行单一供给。采取 PPP 模式可以将社会资本引入环境治理领域，将政府从传统模式中项目的实施者转变为管理者，同时，政府通过采用可行性缺口补助或政府付费等方式确保社会资本能够获取一定的回报，例如，污水处理、垃圾焚烧等项目建成后可以向使用者收取一定的处理费用弥补边际成本，不足部分由政府补助，还有少数自身无法产生收益的项目则由政府提供财政资金弥补。

2.2.2　政府失灵理论

1929～1933 年，世界性经济危机爆发，市场这只"无形的手"受到质疑，凯恩斯主义应运而生，自此政府干预调节成为克服市场失灵的重要方式。但政府在弥补市场失灵或者克服市场缺陷的过程中，由于其本身的局限性也会导致政府失灵，即政府在采取各种手段克服市场失灵的过程中，由于政府决策失误、政策执行效率低下、寻租腐败、政府缺位越位等原因导致经济效率和社会福利损失。现有研究通常认为，"政府失灵"是指政府在提供公共产品时存在浪费或者滥用资源的现象，导致公共支出成本过高或者公共产品供给效率较低，政府决策未达到理论上的效果。对于环境资源等公共产品而言，由于市场失灵，环保公共产品和服务均由政府提供，政府处于垄断地位，而政府的收入主要来自居民及企业缴纳的税收，其支出属于公共支出，收入和支出分离，且由于预算执行缺乏法制等因素影响，政府预算存在预算软约束问题，使得政府部门缺乏降低成本、提高项目效率的激励。另外，由于政府在提供公共产品中处于垄断地位，而不同的政府部门所提供的公共产品和服务并不相同，因此部门之间缺乏竞争，一个政府部门效率提高难以对其他部门形成激励，进一步降低了政府提高公共产品供给效率和质量的动力，导致政府供给效率较低。并且随着社会对环境等公共产品的需求不断增加，政府官员出于政治晋升等目的，在缺乏严格制约、监督以及考核的情况下可能会滥用职权，导致政府部门过度投资，进一步造成资源浪费以及公共产品供给的低效率。

　　政府部门由于缺乏竞争、职权滥用等原因导致资源未得到有效配置，难以按照社会福利最大化原则提供公共产品，项目执行效率低下，这为在环境治理领域引入社会资本提供了可能。而通过 PPP 模式提供环保项目相较于传统模式具有诸多优势。首先，不同于政府部门缺乏竞争，环境治理领域存在众多优质社会资本，通过采取公开招标等竞争性方式从中选取最具实力的社会资本负责项目全过程。其次，社会资本相较于政府更具有创新激励，并且对于市场需要感知更加灵敏，市场化方式运作的企业能够更加有效地了解公众需求，也更能够作出促进资源最大化利用的决策。最后，环保项目运行需要专业背景，而政府更多属于宏观管理部门，在环保项目运行上的专业性可能有所欠缺。PPP 模式则能够充分发挥社会资本在专业人才、管理经验以及技术创新等方面的优势，且社会资本的逐利性使得其更有动机降低 PPP 项目全生命周期成本，相较于传统政府治理模式能够提供质量更高、成本更低的环境基础设施。在 PPP 模式中政府职能从"执行者"转变为"监督者"，可以宏观把握项目运行情况，避免了政府供给低效问题，有效提升项目运营效率与污染治理能力。

2.2.3　委托代理理论

委托代理理论最初于 1932 年由美国经济学家伯利和米恩斯提出，倡导企业经营权与管理权分离，并在 20 世纪 60 年代末 70 年代初不断发展完善，1973 年罗斯在其发表的文章《代理的经济理论：委托人问题》中首次提出委托代理问题，认为当代理人代表委托人行使某些决策权时，就发生了代理关系。委托代理理论认为，委托代理关系产生的原因主要来自两方面：一方面，随着生产力的发展，社会分工不断细化，委托人由于受技术、能力等限制难以行使所有权利；另一方面，分工更加细化、专业化也促使一大批具有专业经营知识的代理人出现，这些具有相对优势的代理人能够更好地行使委托人所委托的权利。但由于在委托代理关系中委托人及代理人的目标存在偏差，所以需要有效的制度安排来保障双方的利益。因此，委托代理理论中心任务是研究委托人在利益冲突以及信息不对称的情况下，如何设计最优契约对代理人进行激励，使双方利益达到最大化。

委托代理关系在社会中广泛存在，PPP 项目就是典型的委托代理关系之一，在 PPP 项目中政府和社会资本共同组建项目公司（SPV），并由项目公司负责项目建设、运营、转让等全生命周期。一般情况下，项目公司中社会资本出资额更高，但由于在 PPP 模式中成立的项目公司主要提供原本应由政府负责提供的公共基础设施或服务，因此政府仍需要对项目负责。在环保 PPP 项目中，政府充当委托人，而社会资本或者项目公司充当代理人。在合作中社会资本更加关注投资项目的回报以及能够获取的利润，而政府部门则更加关注项目实施后的成效以及带来的社会效益。因此，双方在签订契约时需要充分考虑二者的利益冲突以及由于双方信息不对称可能造成的负面影响，并通过采取设置合理的激励和补偿机制等措施使双方各自利益最大化。对此，政府部门应让利给社会资本，将项目经营管理及控制权转移给社会资本，使其能够最大程度地参与到项目中，提高其积极性，提升其努力水平，此外，还要进行一定的收益激励和补偿，使社会资本具有一定的获利空间。

2.2.4　交易费用理论

交易费用思想最早于 1937 年由经济学家罗纳德·科斯在其文章《企业的性质》中提出，科斯首先意识到交易的稀缺性，其后，以威廉姆森（1977）为代表的众多经济学家对交易费用理论进行了系统研究，威廉姆森将交易费用分为事前为明确权利、责任、义务需要而花费的事前交易费用以及交易发生以后花费的事后交易费用，认为市场的不确定性、交易的技术结构、人的有限理性以及机会主义的存在等都会导致市场交易费用上升。库特则将交易费用区分为广义和狭义，将为获取信息、进行谈判以及履行合同所需要的一切费用称为广义交易费用，而将单纯为履行合同所付出的成本称为狭义交易费用。交易费用理论认为，正因为交易费用的存在，才产生了一些用于降低交易费用的制度安排，而组织效率的高低则取决于组织内部的治理机构是否能够降低交易费用。新制度经济学将交易费用作为判断效率的标准，认为节约交易费用相当于提高效率。

在传统治理模式中，项目的建设及运营环节会分别从社会寻找供应商，建设和运营阶段分离导致政府需要和多个供应商签订协议，增加了交易成本，而 PPP 模式则能有效降低交易费用。首先，PPP 模式将基础设施的建设、运营和维护等阶段捆绑打包，由中标社会资本负责项目全生命周期管理，政府只需要和社会资本签订一次性合约，简化了基础设施建设及运营之间的移交程序，减少项目前期准备、合同执行等阶段的各项交易费用。这种捆绑特征提高了社会资本的积极性，激励社会资本在签订合同前最大程度地考虑后期不确定因素以减少后期再谈判成本。其次，PPP 模式通过采用市场竞争机制，主要根据社会资本综合实力等确定合适的供应商，使机会主义发生概率降低。再次，由于 PPP 模式中项目全生命周期均由同一社会资本方负责，使社会资本更具有降低全生命周期成本的动机，更加注重项目全过程效率，主动引入先进技术和管理方法，优化资源配置，提供更高质量的基础设施以降低后期维护等费用，有效降低项目实施后产生的交易费用。因此，PPP 模式将社会资本引入环境基础设施供给，既能降低项目事前及事后的交易费用，又能减少项目全生命周期成本，提高项目供给效率。

2.2.5　利益相关者理论

1963 年，在斯坦福研究院，利益相关者的概念被首次提出。此后，许多学者对利益相关者的概念进行了定义，其中，美国经济学家弗里曼最有代表性。1984 年，他在《战略管理：利益相关者管理的分析方法》中，对利益相关者的概念进行了定义，同时利益相关者的管理理论也被正式提出。他指出，"利益相关者是能够影响一个组织目标的实现，或者受到一个组织实现其目标过程影响的人"，直观地表述了利益相关者与组织间的关系。在国内，关于利益相关者概念的表述，比较有代表性的是贾生华提出的利益相关者概念。他指出，利益相关者是"那些在企业中进行了一定的专用性投资，并承担了一定风险的个体和群体，其活动能够影响该企业目标的实现，或者受到该企业实现其目标过程的影响"。在此基础上，诸多国内外学者对利益相关者的理论进行了研究，使得该理论被逐渐完善。综合各学者观点，利益相关者理论研究的重点是利益相关者在实施项目时的行为、反应、利益相关者自身及其自身之间利害关系的平衡。利益相关者能够根据其拥有的资产对企业或组织行使相关的权益，并且利益相关者的相关行为会对企业或组织的发展产生影响，同时，利益相关者也会受到企业活动的影响。

利益相关者理论在环境治理 PPP 模式的应用主要体现在三个方面：第一，环境治理 PPP 模式涉及多个利益相关者，包括政府部门、股权投资机构、私人项目公司、银行、保险公司、其他中介机构、当地居民，在环境治理 PPP 模式运行方案设计时，需要对不同的利益相关者进行识别、分类。第二，风险分担和收益分配过程中产生的冲突。不同的主体在环境治理 PPP 模式有不一样利益关系和诉求，特别是在涉及各自利益的收益分配和风险分担过程中，各利益相关者会存在冲突。因此，各利益方需要进行合理的风险分担和收益分配。第三，利益相关者关系管理。利益相关者理论的核心目的在于科学合理地管理利益相关者之间的关系。在环境治理 PPP 模式的实施过程中，项目成功实施的关键是怎样使各利益相关者的诉求在合理的范围内得以满足，任何一方利益相关者的诉求无法得到满足都将影响利益相关者之间的长久合作。因此，需要通过科学管理利益相关者关系来达到环境治理中各利益相关者获得收益的多赢，从而实现环境治理实施过程中各利益相关者的合作共赢。

2.2.6　协同治理理论

协同治理由协同论和治理理论两部分组成，最早发现协同现象的是德国赫尔曼·哈肯物理学家，1971 年他首次提出，"协同"的概念，1976 年在其著作《高等协同学》中正式提出了协同理论，他指出，协同理论研究的主要内容是"由完全不同性质的大量子系统所构成的各种系统"。治理概念源于 20 世纪对非洲发展的讨论，此后，詹姆斯·N. 罗西瑙在《没有政府统治的治理》《世纪的治理》等文中明确指出了治理与统治不是近义词，并对治理进行了定义，他提出治理是一种管理机制。随着两理论的提出，协同治理在此基础上得到发展，国内外学者和研究机构从不同角度对其进行了阐述。国外学者唐娜和格雷（Donna and Gray，1991）首次提出了协作治理理论概念，并指出，协作治理理论是指在公共领域中各利益相关者共同决策并达成一致意见的一种治理模式。国内学者田培杰（2014）认为，协同理论是指政府、企业、社会组织及公民等各利益相关者，为了解决共同的社会问题，以比较正式的适当方式进行互动和决策，并分别对结果承担相应的责任。联合国全球治理委员会指出，协同治理理论是不同利益主体在遇到冲突时，冲突得到调和的一种治理模式。综合国内外学者、研究机构对协同治理理论的阐述，可以看出，协同治理理论主要包含了治理主体的多元化、各主体的协同性、共同规则的制定及利益最大化四大要素。

　　协同治理理论在环境治理 PPP 模式中的适用性分析：第一，治理主体的多元化。环境治理 PPP 模式中，治理主体不只有政府单一主体，还包括社会资本方和周边居民等多元主体。第二，各主体的协同性。环境治理过程周期长、主体繁多及各主体之间信息的不对称，使得环境治理形成一个复杂的体系。当遇到外界环境发生重大变化对项目产生影响时，如果各主体之间相互内耗，必然影响共同利益的实现，甚至造成项目无法正常运营。因此，各主体需要协调各自的行为，政府需要转变管理方式，采取谈判、协商、合作的方式，与其他治理主体平等对话，进而形成共识，实现协同效应。第三，共同规则的制定。环境治理 PPP 模式中，各主体之间利益诉求的不同会存在冲突和协调，为实现共同利益的最大化，各主体需要遵循共同的规则，通过制定相关法律法规对各主体行为进行约束，发挥各自的优势，形成良性互动，实现协同效应。

2.2.7 产权理论

从经济学逻辑上来讲，清晰的产权界定可以使经济更有效率，而如何划分产权则决定了福利如何进行分配。从概念上看，产权不是指人与物之间的关系，而是物的存在和关于它们的使用权引起人们之间相互认可的一种关系，同时，产权不单是人对财产使用的权利，还确定了人的行为规范，是一种社会制度。环保 PPP 模式涉及政府和社会资本双方，其产权性质显然不同于一般企业。不过也与市场化运作、大量社会资本入股的国有企业有较大的不同之处。产权理论认为，因公共财产通常会出现"搭便车"、集体行动和监管缺位等现象，不能给生产者提供合理的激励和约束条件。解决这些缺陷的办法是对公共服务产品的产权进行调整，将私人产权引入，带来竞争机制，从而得以解决（王俊豪和付金存，2014）。同时，财政长期面临的软约束问题在国有产权形势下更容易产生，而私有产权更容易避免这一问题（Schmidt，1996）。环保 PPP 实际上更像是对剩余控制权和剩余

索取权进行配置的产权机制，以此来保护社会资本对参与环保
PPP 合作的投资激励。

从原理上看，环保 PPP 的权利来源是公权在一定条件下将特
定的一部分权利让渡后产生的。在不同模式中，项目公司对资产
的产权有所不同，因此不能简单地认为是经营管理权。而权利的
对象则是环保 PPP 项目涵盖的产权，不仅包括针对某一财产所产
生，也涵盖了由此需要发生的各种行为。不过从经济学的角度进
行研究，环保 PPP 的关键在于对收益权的把握，也就是特许经营
权。环保 PPP 项目在开展前需要符合《政府和社会资本合作项
目政府采购管理办法》文件有关要求进行招投标，相关权利应当
仅授予中标单位。由于该权利的特殊性，《市政公用事业特许经
营管理办法》规定，项目单位不得擅自转让、出租特许经营权，
不得擅自将经营的财产进行处置或者抵押，否则主管部门会依法
终止特许经营协议，取消其特许经营权，并可以实施临时接管。

2.2.8 项目区分理论

在市场调节和政府管理失灵的机制下，随着社会经济的发
展，民营化理论催生，私人部门逐渐以各种形式参与公共物品的
供给，公共产品的属性随着客观环境的变化而变异。在公共产品
变异理论的基础上，学者们提出了项目区分理论。项目区分理论
认为，基础设施建设项目具有产品属性，属于公共物品的范畴，
可以参考经济学中的产品分类理论，根据产品及服务自身的属性

进行划分，进而针对不同类型的基础设施建设或环境治理项目采取不同的管理体制和投融资模式。在此基础上，根据项目的公共产品属性和经营属性将其划分为非经营性项目、准经营性项目和经营性项目三大目类，并进一步区别不同类型项目下的运营模式、项目参与主体和项目权属、融资渠道及建设模式等（唐兴霖和周军，2009）。

深化项目区分理论在环保 PPP 项目中的应用，主要是要结合环保 PPP 项目的属性，做好各参与主体利益协调、实现项目的良性运转等工作（聂艳红，2010）。各类环保 PPP 项目应该根据项目区分理论进行梳理，要注意区分环保 PPP 项目的经营系数和市场化指数，杜绝"钓鱼工程、胡子工程"的产生；针对非经营性环保 PPP 项目，要注重投资主体的建设模式选择，按照规范的政府招标采购制度运作，实现项目的公开化、透明化运作；针对经营性环保 PPP 项目，要实现投资者报价、政府审核批复、公众议价，满足经营性项目的公共物品属性；引导环保 PPP 项目良性转换，巧妙设计项目合作机制，创新项目组合模式，将准经营性、纯经营性和非经营性项目，乃至公益性项目进行打包组合，进而实现投资者获取一定收益、政府支付一定补偿、公众获得服务的三赢局面。环境综合治理一体化项目构成极其复杂，不仅有准经营性项目，如污水处理厂；还包含非经营性项目，如湖泊清淤工程等；以及较少的纯经营性项目。采用环保 PPP 模式进行统筹建设，通过项目区分理论，能够更好地甄别环境综合治理项目的类别，为环保 PPP 组合的切入打开"窗口"，找准定位。

2.2.9　期限错配理论

期限错配作为一个专业的财务术语，被广泛运用于金融领域。同时，期限错配的原理也适用于其他领域。地方政府债务同样存在期限错配风险，其产生的根源是地方政府性债务的流动性和偿债资产的非流动性，二者之间互不匹配从而带来错配风险（陈志勇等，2015）。目前已有的研究主要集中在分析地方政府的融资风险、隐性偿债风险及其对经济环境带来的辐射影响；其中，隐性偿债风险主要来源于地方政府通过各类融资平台融通的隐形债务，以城投公司等为代表的地方政府融资平台长期以来是基础设施投资建设等领域的主力军，但其债务透明度低、监督监管不到位、责任主体不清晰（刘尚希等，2011），一旦违约就会形成地方财政风险；由于税收收入不能满足城镇化进程中的基础设施建设项目的需要，地方政府在投资建设基础设施项目时，往往采取土地融资方式将项目所涉及的土地进行出售、租赁或抵押，使得"土地财政"愈演愈烈，交织共生；目前我国地方政府的融资主要来源于银行贷款，然而多数项目的到期收益难以覆盖到期需偿还的债务，持续的借新债还旧债和债务展期，使得地方政府债务风险有辐射到金融领域的可能性。

研究认为，国内地方政府性债务期限以中短期为主，银行贷款的平均期限为 5 年，地方政府债权的平均期限为 3 ~ 5 年，融资平台债权平均期限为 5 ~ 7 年，信托融资的平均期限为 1 ~ 3 年，BT 项目融资的平均期限为 3 年，普遍集中在 3 ~ 5 年，而发达国家的平均期限长达 25.5 年；地方债资金的投向多为公益性和非经营性项目，这些项目自身难以产生现金流，其建设周期长、资产回报率低，投资回收期大多数长达 20 年，与各种资金来源下的资金偿还存在明显的期限错配；在土地收益逐年下降和未来几年偿债压力巨大的背景下，地方政府不得不"借新还旧"，加剧流动性风险。环保 PPP 模式通过政府和社会资本合作，可以从举债动力、举债主体、举债方式、利率期限和短期偿付等多方面，弱化地方债期限错配风险。环境综合治理是一个较大范围的命题，它既是生态建设和环境保护的范畴，也是市政基础设施建设、农林水利建设乃至其他多领域的命题。环境的综合治理无疑需要巨大的资金支持，而地方政府偿还建设投资存在明显的期限错配和投资不足，通过在环境综合治理一体化项目中引入 PPP 模式，缓解地方政府基础设施投资不足、生态环保建设资金不足，弱化期限错配风险，意义巨大。

2.2.10 公共治理理论

20 世纪 90 年代，公共治理最早开始出现于政治学以及行政管理学科当中，之后被广泛使用。随着全球环境的变革，各国政府管理的理念也开始顺应时代潮流，人类社会的政治观念也随之发生深刻变化，传统的政府统治已经不再适应社会环境，开始逐渐向政府管理乃至政府的公共治理进行转变。这种演化过程既体现了国家的管理理念以及管理方式的进步，同时也反映出了民众对于政府管理的新要求。

公共治理理论起源于公共选择理论，公共选择理论则是基于理性人假设的政府决策处理过程，强调政府在资源配置的过程中存在失灵与失败的情况，而且这是一个讨价还价的过程（Nash，1951）。自 20 世纪 90 年代开始，公共治理理论又有了新的发展，即在市场失灵与政府失灵的基础上，提出三者的统一，认为国家治理是政府、市场和第三部门的综合治理。1996 年，盖伊·彼得斯在其著作《政府未来的治理模式》中提出，各国政府必须跟随时代进行革新，不断构建新型的政府治理理念，同时主张未来的政府管理模式必然是多重的，既可以是政府与市场有效结合的市场化政府，也可以是公众共同参与的参与式政府，同时也可以是趋于人性化与合理化的弹性式政府。在不同的模式下，政府可以采用多样化的体制机制，实现从基本理念、管理政策到实现方式的转变。1992 年，鲍勃·杰索普指出，政府治理范式的关键在于明确政府、市场和第三方的界限，以及深入理解这三方在经济发展中发挥的关键作用，降低这些关系趋于破裂的可能性。

公共治理理论与政府环境治理效率紧密相关。政府治理理论为政府环境治理奠定了理论基础。由于环境问题的公共性，凸显了环境治理是政府的重要职能之一，也表明了环境治理不仅需要政府财政的大力支持，同时也需要社会各界的环保融资，必须坚持 PPP 原则，实现环境治理参与主体的多元化。同时，由于环境污染以及环境治理本身具有外溢性，环境跨界治理也逐渐成为当今环境治理的重要内容之一，因此，必须通过建立健全财政制度，强化政府跨界合作的观念，逐步推动环境跨界治理的广泛性，不断提升城市环境治理效率。

2.2.11 绿色发展理论

绿色发展理论的形成来源于经济发展与生态环境发展之间的不平衡问题。经济的快速增长带来一系列严峻的生态环境问题，如资源短缺、环境污染、生态恶化等。20 世纪 60 年代，面对越来越严重的生态环境问题，欧美等发达国家民众自发组织发起"绿色运动"，随后更是成立相关环保组织，提出"环保至上"的口号。此后，《联合国发展十年》中提到，要关注经济发展带来的生态环境问题。1987 年，世界环境和发展委员会出版由布伦特朗夫人发表的《我们共同的未来》报告，提出"可持续发展"理念，并将其定义为"满足当代人需求的前提下，对后代人满足自身需要不构成危害的、科学的、持续的发展"。1989 年，大卫·皮尔斯在《绿色经济的蓝图》中首次提出"绿色经济"一词。2002 年，联合国开发计划署公布的《2002 年中国人类发展报告：让绿色发展成为一种选择》中首次提出"绿色发展"理念。2008 年 10 月，联合国环境规划署提出发展"绿色经济"的倡议，并于 2011 年发布《绿色经济报告》，提出绿色经

济是全球经济增长的新引擎。

　　绿色发展理念一直根植于中国的传统文化，中国"天人合一"的思想源远流长。此外，中国相关政府规划及政策制定也充分体现了绿色发展理念。面对粗放式发展模式导致的资源过度开发以及低效利用，以及城镇化进程加快随之而来的污水、垃圾等环境污染物不断增加，近年来，国家不断倡导经济转型，提倡绿色发展。做好污染防治工作是建设美丽中国的内在要求，更是满足人民群众不断增长的优美生态环境需要、助力绿色发展的必由之路。对此，2020 年 5 月，习近平总书记在全国生态环境保护大会上提出"把解决突出生态环境问题作为民生优先领域"。同年 9 月，我国提出"2030 年前碳达峰、2060 年前碳中和"的目标。随着"双碳"战略目标的提出，我国环境治理也步入重点攻坚与精准突破阶段。党的二十大报告也提出要"深入推进环境污染防治"，明确要求"提升环境基础设施建设水平，推进城乡人居环境整治"，彰显出中国政府改善生态环境的决心。

2.3　文献综述

2.3.1　PPP 模式的相关文献综述

　　随着 PPP 模式在公共基础设施及服务领域的快速发展，PPP

模式的研究成果也逐渐丰富，现有的关于 PPP 模式的研究主要是从两个角度来进行开展，分别是 PPP 模式本身和 PPP 模式参与主体。

从 PPP 模式本身来看，已有的研究多聚焦于融资模式、风险管理、项目绩效、项目落地率等方面。随着 PPP 模式应用领域的不断增多，学者们研究的不断深入，针对具体应用领域的研究逐渐增多，研究方法上也有所创新，如案例分析、合作博弈、定量分析等。一是在 PPP 融资模式方面，多数学者比较认同的观点：PPP 融资模式是指社会资本承担大部分资本金和债务融资、政府辅助社会资本获取合理利润回报、少量资金来源于财政资金和政府债券（孙伟，2019）。此外，王卓君等（2017）基于市场进程视角分析发现，市场化进程对于地方政府选用 PPP 模式融资具有积极的作用。徐晓飞等（2012）则是运用定量方法论证了 PPP 融资模式应用于养老服务产业的积极作用。二是在 PPP 风险管理方面，国内外对此都有较为成熟的研究，主要涉及项目风险识别、分担和控制三个方面。风险识别方面，李冰等（2005）认为，PPP 项目风险可以以风险来源为基础，分为微观风险、中观风险和宏观风险，这与谢琳璐（2014）的划分结果基本一致。胡忆楠等（2019）通过分析"一带一路"沿线国家基础设施 PPP 项目案例，采用风险核对表法识别出 PPP 项目风险主要有政治风险、法律风险、经济风险、社会风险、自然风险等。风险分担方面，李永强和苏振民（2005）认为，私营企业与政府部门之间的风险分担是一个博弈的过程，要想使项目目标最优，需要政府部门在经济效益和社会效益间找到一个平衡点。风险控制方面，余晓钟等（2017）认为，通过要求 PPP 项目参与各方建立伙伴关系，可以有效地控制 PPP 项目风险的产生。三是在 PPP 项目绩效方面，已有研究在理论分析和实践运用上已初具成效。譬如，兰兰和高成修（2013）基于层次分析法，构造了 PPP 的层次结构模型，对 PPP 的绩效情况进行了客观评价。

从 PPP 模式的参与主体来看，由于 PPP 项目的特殊性，其涉及的参与主体往往多元，但已有的研究主要是针对社会资本方和政府部门进行分析。社会资本方面，刘穷志和任静（2017）基于 PPP 概念股上市公司及其配对企业的数据，从微观企业层面研究哪些"素质"影响企业参与 PPP 项目，发现上市公司的政治关联、融资能力和技术实力这三方面的"素质"对其参与 PPP 项目产生了正向的影响作用。苏萌等（2018）、周常春和伍梦月（2018）运用事件研究法，分析国内各类 PPP 政策公布对 A 股市场 PPP 板块上市公司股票价格及公司价值的影响效应，发现 PPP 板块上市公司股价和长期价值对于 PPP 政策反应积极、显著。吴卫星和刘细宪（2019）、张曾莲和原亚男（2020）则是通过企业微观数据的实证分析，发现企业参与 PPP 会显著地降低企业储蓄和企业的创新投入。黄昊等（2023）以 2014～2020 年 A 股上市公司为样本，结合 PPP 项目数据，实证分析了上市公司参与 PPP 项目对审计收费的影响，发现参与 PPP 项目的公司在其参与审计后费用会显著增加，且参与 PPP 项目数量越多、金额越大，审计费用增加越多。在政府部门方面，冯净冰等（2020）通过利用 PPP 层面的微观数据，验证地方政府引导市场的措施对公共领域社会资本吸纳效果的影响，发现地方政府的收益支持、推进效率和权利让渡是吸引社会资本的重要因素。翟磊和袁慧赟（2021）基于财政部 PPP 项目数据库，将 2013～2018 年成立项目公司的 3 561 个 PPP 项目信息与其所在的城市数据进行匹配，采用 Tobit 模型进行实证检验，发现政府能力对 PPP 项目社会资本投资水平的影响总体较合同特征更为显著。李雪灵和王尧（2021）从地方隐性债务视角出发，分析 PPP 模式在此过程中的实际应用价值。梅建明和邵鹏程（2022）从融资约束的角度出发，发现 PPP 模式下，政府参股能够对项目融资起到缓解作用。基于上述分析发现，随着 PPP 模式在多个领域的普及应用，学者们对此的研究由宏观层面转向微观层面，从关注 PPP 项目本身逐渐到研究其与外部因素的联系，研究范围越来越广，也越来越深，这在一定程度上为 PPP 模式的发展提供些许助力。

2.3.2 环境治理政策工具的文献综述

当前，国内外学者关于环境治理政策工具方面的研究已相对比较成熟。从环境治理政策工具的分类来看，国际上最初是以市场和行政为标准来划分环境政策工具的，并将其分为命令控制型和市场化工具两类（Eskeland and Jimenez，1992）。随着环境治理理论与实践的发展，公众参与型政策工具也逐步纳入这一领域。此外，经济合作与发展组织也对环境政策工具进行了划分，分为直接管辖型、市场机制型和劝说型三类。世界银行则是在此基础上，将市场机制型政策工具细分为了利用市场和创建市场两种类型。而对于多数研究者来说，比较认同的是基于政策工具强制性的划分，即分为命令控制型、市场激励型和公众参与型（秦颖和徐光，2007）。具体来看，命令控制型方面，赖藤隆等（Yorifuji et al.，2016）以东京 2003 年推出的柴油排放控制条例，构造准自然实验事实，采用间断时间序列分析，研究发现 NO_2 下降，东京 23 个病区 PM2.5 和死亡率下降幅度较大。也有学者对我国的重要环境治理工具 "两控区" 政策进行了研究。吴明琴和周诗敏（2017）研究发现，该政策的实施显著增加了区内工业二氧化硫的去除量，减轻了区内的环境污染。这与朱向东等（2018）、熊波和杨碧云（2019）、汤韵和梁若冰（2021）的研究结果不谋而合。此外，也有学者从 "大气十条" "水十条" 等政策视角进行研究。譬如，冯悦怡等（2019）基于 2013~2017 年338 个中国城市数据，发现 "大气十条" 政策的实施显著推动了对空气污染物的治理，这在蔡思翌等（2017）、张静等（2019）的研究分析中也得到了验证。卢佳友等（2021）利用双重差分法对 2021~2017 年全国 269 个地级市数据进行实证分析，发现 "水十条" 政策显著降低了我国工业水的污染强度。另有学者从制度建设层面的政策工具进行了研究。譬如，纳荣（2019）通过概述几个国家建立环保法庭的基本情况，分析这一制度实施的可行性，并指出设立环境法庭有利于抑制环境问题，为泰国环境问题的解决提供了一个最佳的方案。范子英和赵仁杰（2019）、王凤荣等（2023）通过设立环保法庭作为一项准自然实验，运用双重差分法实证分析了环保法庭制度对环境的影响，发现环保法庭能够有效地提高企业和民众的环保意识，强化生态环境保护与治理。除此之外，还有学者对环境审计（黄溶冰和王丽艳，2011；郑开放和赵萱，2022）、河长制（李强，2018；沈坤荣和金刚，2018）等其他制度层面的政策工具进行了分析，发现它们对生态环境的治理都存在着一定的积极作用。

对于市场化环境治理工具，越来越多的学者开始聚焦如何通过优化政策组合或者创新治理模式来激发市场主体参与污染治理的内生动力。具体来看，已有的关于市场化环境治理工具的研究包括环保费改税、低碳试点城市、碳排放权交易市场、绿色信贷政策、智慧城市建设等多个方面，多数研究偏向于制度政策实施后所能带来的市场激励效果。在环保费改税方面，杨琴和黄维娜（2006）通过对我国现实情况的分析，认为环境税制作为环境治理的最佳手段，我国已经具备了环境保护"费改税"的基本条件。于连超等（2021）、田利辉等（2022）借助《环境保护税法》的实施作为准自然实验进行实证分析，发现环境保护"费改税"会促使重污染企业增加环保投入，积极推进自身绿色转型，以减少生产所带来的环境负外部性问题。在低碳试点城市方面，学者们主要通过构建双重差分模型，基于不同视角来验证该政策实施对环境治理效率的影响。譬如，周迪等（2019）基于2012～2016年的地级市面板数据，采用倾向得分匹配——双重差分（PSM-DID）方法研究低碳试点政策对降低城市碳排放强度的影响，发现该政策对城市碳排放强度的下降具有显著且持续的推动作用。对此，张华（2020）、臧传琴和孙鹏（2021）、王连芬等（2022）也有一致的结论。彭璟等（2020）、徐英启等（2022）则从影响低碳试点政策效应的因素层面出发，发现经济发展水平、产业结构、城市化水平、创新研发投入等都显著影响着低碳试点政策的效应。在碳排放权交易市场方面，学者们针对这一机制的实施效果进行了较多研究。譬如，汤铃等（2014）基于multi-Agent模型，构建我国碳交易机制仿真模型，研究碳交易机制对中国经济和环境的影响，发现碳交易机制能够有效促进我国碳减排，但对经济发展会有一定冲击。刘宇等（2016）则是聚焦于天津这一碳交易制度试点城市，通过模拟其对全市的经济影响进行深入分析，发现碳交易制度对天津市的减排效果有着显著的影响。此外，周迪和刘奕淳（2020）、蒋和胜和孙明茜（2021）、杨秀汪等（2021）也有相同的结论。在绿色信贷政策方面，多数学者关注该政策的实施对重污染企业在退出风险（陆菁等，2021）、绿色创新和转型（曹延求等，2021；喻旭兰和周颖，2023）、环境治理行为选择（李泽众，2023）等方面的影响效果。邹薇和王玮旭（2022）则是基于绿色信贷政策背景，通过 SBM 超效率模型测算 2008～2018 年我国各省市碳排放效率，并构建技术进步与要素结构的中介效应模型进行实证分析，发现绿色信贷政策的实施促进了绿色技术水平的提升与要素结构的优化，并对碳排放效率产生显著的正向影响。总体来看，除上述的一些主要市场化政策工具外，也有学者从智慧城市试点政策（张荣博和钟昌标，2022）、环保督察制度（王慧娜等，2022）等角度进行研究，结果证明，它们作为一种外部冲击皆对环境治理有着积极作用。

2.3.3　PPP 模式环境治理效应的相关文献

已有文献对环保 PPP 项目与环境治理效率之间关系的研究结论不尽一致。部分观点认为，PPP 模式在环境治理领域的应用有利于提高环境治理效率。譬如，伊丽莎贝塔（Elisabetta et al.，2014）认为，与传统治理模式建设和运营阶段分离相比，PPP 模式将基础设施的建设、运营和维护等阶段进行捆绑打包，这种捆绑特征提高了社会资本的积极性，使社会资本更加注重项目全过程效率，主动引入先进技术和管理方法，提供更高质量的基础设施以降低后期维护等费用，从而提高项目效率。对此，杜焱强等（2020）也有类似的看法，认为 PPP 模式的捆绑特征使社会资本更加具有降低全生命周期成本的动机，在政府通过污染治理绩效购买服务的情况下，能通过优化资源配置等路径提高污染治理效率并增加企业利润。乌恩尼切等（Ouenniche et al.，2016）和维拉尼等（Villani et al.，2017）认为，PPP 模式充分发挥了社会资本在技术、管理以及创新等方面的优势，相较于传统政府治理模式，通过社会资本运营环境治理项目，能够促进社会资本进行技术创新，从而提供质量更高且成本更低的环境公共基础设施及服务，并使政府职能从项目的实施者逐渐转移到项目的统筹与规范上，通过付费与绩效结合极大地提升了项目运营效率与污染治理能力。对此，杨彤等（2023）也有类似的结论，认为环境类PPP 项目的落地可以提高资源配置效率、优化政府环境监管职能，进而提高政府环境污染治理能力。李繁荣和戎爱萍（2016）以及秦颖等（2018）认为，在由政府单一提供生态产品的模式中政府存在严重的缺位和越位，同时，资源的垄断也容易引发寻租行为，造成生态产品供给效率降低，生态产品供给侧改革十分必要，而 PPP 模式能够将政府与社会资本的优势进行有力结合，既可以化解政府举债风险、拓宽融资渠道，又能通过各合作主体间成本与风险的合理分担进一步加速释放社会资本的固有潜力，正是生态产品供给侧改革的重要抓手，有利于推动环境治理产业发展、促进环保项目提质增效。姚东旻和邓涵（2017）认为，污水处理和垃圾处理行业具有建设期对运营期的外部性较高、运营期风险较低的特点，与传统治理模式相比，运用 PPP 模式能够提高项目运行效率。对此，佩雷斯－洛佩兹（Perez-Lopez，2018）研究得出，PPP 模式可以降低城市垃圾处理成本，提高地区垃圾处理长期规模效率。梅建明和罗惠月（2019）实证研究发现，PPP 模式能够显著提高公共基础设施供给效率。聂瑞芳等（2022）通过测算得出，相较于政府负责污水处理项目，采用 PPP 模式将社会资本引入污水处理领域能够显著提高污水处理能力和处理程度。

与之相对，另一部分观点则认为相较于传统治理模式，PPP 模式并没有提高环境治理效率。譬如，姚东旻等（2015）发现，PPP 模式只有在满足积极外部性、设施所有权归社会资本等要求时才能比传统模式效率更高，且在复杂的外部环境下，影响公共基础设施和服务供给效率的因素众多，不同 PPP 项目在项目投入、合作期限等方面存在不同特点，无法一概而论。裴俊巍和曾志敏（2017）提出，在 PPP 项目中，政府和社会资本方具有不同的目标，不同于政府出于为公众提供公共产品的目的，社会资本参与 PPP 项目更多的是为了获取利润，社会资本的逐利性以及合同的不完全性为社会资本的机会主义提供了空间，导致社会资本为了自身利益最大化牺牲公共利益，影响项目预期目标的实现。并且，PPP 项目是一种长期性的制度安排，项目的实施需要经过复杂的法律程序和长期的合同谈判，增加了项目的实施成本和准备时间。另外，由于 PPP 项目合同是一种不完全契约，合同无法对未来可能发生的问题进行全面且准确的预测。因此，随着参与主体增加，项目管理成本也会增加。对此，汪立鑫等（2019）基于 2002~2015 年我国 245 个地级市数据，对 PPP 项目的实施与基础设施产出效率之间的关系进行分析，发现就总体而言，实施 PPP 项目对基础设施产出的规模效率和纯技术效率并没有明显的提升作用，且从动态效果看，由于 PPP 项目实施效果存在一定的滞后性，因此，在一定程度上降低了基础设施产出的规模效率和纯技术效率。基于此，杜焱强等（2020）从成本、项目所处阶段等方面对 PPP 模式与传统的政府治理模式进行了对比分析，发现二者各有利弊，例如，PPP 模式虽然在环境治理的收运阶段和末端处理阶段具有更高的专业性和灵活性，但在源头分类阶段处于劣势。在农村人居环境整治中，PPP 模式并非更有效率或更节约成本，治理的有效性更依赖于执行过程以及政府的治理能力。薛英霞等（2020）也认为，PPP 模式的实施效率受到政府治理能力与企业是否有效参与等问题约束。李慧敏等（2020）也有类似的看法，认为政府与社会资本之间存在信息不对称和利益冲突，社会资本的道德风险和机会主义行为对 PPP 的运行效率提出了重大挑战。张燕妮等（2022）基于实践调研发现，受环保组织参与度低、地方环境治理投入供给不足等因素影响，环保 PPP 项目在农村环境治理领域遭遇政策实行地方化、群众参与冷漠化等一系列问题，使环保 PPP 项目在农村环境治理中陷入困境，未能有效提高环境治理成效。张平和王楠（2020）指出，若 PPP 项目管理不当或过度增长，不仅不能缓解地方政府财政压力，还可能形成地方政府隐性债务风险，将当期财政压力转嫁给未来的政府和公众。

2.3.4　文献述评

综合现有文献，可以发现：第一，目前国内外关于 PPP 模式的研究正随着其应用领域的扩大而不断增多，多数学者是从 PPP 模式本身出发，具体分析该模式在实际应用过程中所存在的问题，如融资问题、项目风险、项目绩效等；或者基于 PPP 模式参与主体来进行研究，分析该主体参与 PPP 模式的后果，进而反向验证 PPP 模式在具体应用过程中的适用性、可行性。但在具体领域方面，有关 PPP 模式的研究还是较少，比如，关于环保领域 PPP 项目的研究。因此，本书拟将此类项目纳入研究，分析环保类 PPP 项目的整体实施成效。第二，国内外学者对于环境治理政策工具方面也进行了多角度的研究，且还在不断丰富，发现当前主流的环境治理政策工具主要是命令控制型和市场激励型工具，二者在环境治理上都具有积极作用，但究竟选择什么样的政策工具，是需要结合实施对象本身的具体情况来考虑的。第三，国内外学者对于环境治理效率也进行了多角度的探讨。对于我国来说，研究发现，我国的环境治理效率整体是呈现上升趋势，但效率值并不高。学术界普遍认为，我国环境治理存在"高投入，低效率"的治理困境，且环境治理效率区域差异不断拉大，环境治理效率有待进一步提升。但目前对环境治理效率的研究主要集中在工业污染治理效率，仅少数学者关注到城市环境污染治理，且在影响环境治理效率的因素方面，国内外学者主要关注宏观层面因素，如财政分权等对于环境治理效率的影响，鲜有文献关注到环保 PPP 项目这一微观层面因素对环境治理效率的影响。从已有的研究来看，国内外学者多以理论分析为主，研究方法上主要有定性评价和案例分析，实证方面有所欠缺。鲜有文献基于环保类 PPP 项目与环境治理效率这一角度，通过理论分析与实证研究相结合的方式分析环保类 PPP 项目，对环境治理效率的影响效应及影响机制。对此，本书将基于环保领域 PPP 项目不断发展的特殊背景，通过理论与实证相结合的方式分析实施环保 PPP 项目对环境治理效率的影响，为进一步规范环保领域 PPP 项目发展，促进国家治理体系和治理能力现代化提出相应的对策建议。

2.4　本章小结

本章旨在阐明核心概念的基本含义、所涉及理论的基本内容、相关领域研究现状以及可进一步深化的空间等。一方面，本书核心的基本概念主要为环保 PPP 项目和环境治理效率，考虑到前文已就其具体内涵进行了全面阐述，所以在此就不做过多赘述。此外，为便于读者很好地了解本书的写作内容和研究思路，本章还就研究过程中涉及的相关理论进行了分析介绍。其中，主要涉及的理论有公共产品理论、政府失灵理论、委托代理理论、交易费用理论、利益相关者理论等，这些理论的存在为 PPP 模式应用于环境治理领域提供了重要的理论依据，使得环保 PPP 项目在实际建设过程中更为科学，并能够有效地提升项目的运营效率与环境治理能力。

另一方面，本章在最后整理分析了与 PPP 相关的已有研究，并从 PPP 模式本身、环境治理政策工具和 PPP 模式生态环境治理效应三个方面展开说明，从而为进一步挖掘可研究空间作了铺垫，同时也为本书第 5 章、第 6 章的进一步深入分析提供了参考。对已有研究的分析发现，国内外学者虽已在 PPP 相关方面作了较多的研究，但对于 PPP 项目应用于某一具体领域的研究却不是很多，这也是本书选择以环保领域 PPP 项目为研究对象的重要原因，希望可以借此研究进一步丰富有关这一方面的研究资料。再者，随着近年来大众对生态环保问题关注度的不断攀升，国家对加快生态文明体制改革、建设美丽中国、着力解决突出环境问题的要求日益迫切，多举措助力生态环境领域治理能力和水平的提升已然成为政府职能部门的共识，其中用得比较多的便是 PPP 模式，并且有的项目取得了不错的成效。例如，云南省大理市的洱海环湖截污 PPP 项目，该项目借助 PPP 的优势，通过引入优质的社会资本方参与项目建设和运营，使其真正地实现了生态环境治理与绿色发展的有机结合，并成功入选了国家发展改革委公布的 16 个绿色政府和社会资本合作（PPP）项目典型案例。基于此，以 PPP 模式应用于环保类领域为切入视角，深入研究 PPP 模式应用对环境治理效率的影响是有着积极意义的，这也是撰写本书的主要出发点。

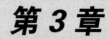

第 3 章

制度背景与理论
分析框架

3.1　制度背景

3.1.1　PPP 模式的缘起与服务中国的功能定位

3.1.1.1　PPP 模式的缘起

第二次世界大战以后，受经济危机和凯恩斯干预主义的影响，西方国家对包括公用事业在内的一些重要行业实行了不同程度的国有化。尽管在程度和时间上有所差别，但大部分西方国家都经历了几次大的国有化浪潮。例如，英国在 1945～1951 年、1974～1979 年经历的两次国有化浪潮；法国自 20 世纪 30 年代中期至 80 年代初，先后经历三次国有化运动。在国有化运动中，国家介入或接管原来由私人提供的公用事业领域。这期间，许多国家的宪法把公共部门兴办公用事业的优先权视为神圣不可侵犯，只有较少的国家对公共事业实行私人运营。但是，公用事业的国有化也带来了许多问题，给公共财政带来了巨大压力，产生了缺乏竞争、效率低下、成本较高而服务质量较低等弊病。因此，国有化以及政府的公共管理和服务模式受到了公众的质疑，在这种情形下，变革成为唯一的选择。

在变革之前，英国政府一直朝国有化的道路前行，政府掌控国家的一切，在二战期间也得到十分明显的体现。直到 20 世纪 70 年代，与人们日益增长的物质文化需求相比，政府提供这些产品和服务的能力有限。一方面，政府的财政收入来源于纳税人，其征税的规模受到各种制度的约束；另一方面，政府难以满足提供某些产品和服务的技术、管理要求，而私人部门更具优势。对此，需要探索出一种新的模式，公共部门和私人部门可以通过合作，发挥各自优势，实现互补和双赢，既有利于前者为公众提供质优价廉的公共物品和公共服务，又便于后者获得稳定的利润。为了 PPP 模式的合理应用，英国政府也相应出台了一系列政策，从而使政府部门与私人组织之间的合作关系得以不断发展。

随着私人参与的不断增加，其参与的方式也在不断发生变化和创新。从私有化（privatization）到强制竞争性招标（compulsory competitive tendering），从公共服务的外包（contracting out）到鼓励私人投资行动（private finance initiative），公共部门的理论家和改革者不断实践着利用私人参与重塑公共部门的理念和方法。在此背景下，兴起和发展了公私伙伴关系的概念和理论。20
世纪 90 年代，英国率先提出了公私伙伴关系的概念，继而在美
国、加拿大、法国、德国、澳大利亚、新西兰、日本等主要西方
国家得到了广泛的响应。许多国家设立了专门的政府机构来推动
PPP 的发展，同时，非政府组织和学术界也对 PPP 的发展起到了
积极的促进作用。欧盟、联合国、经济合作与发展组织、世界银
行等国际组织也将 PPP 的理念和经验在全球范围内大力推广，包
括中国、印度、巴西、墨西哥在内的许多发展中国家纷纷开始学
习和应用 PPP。

3.1.1.2　PPP 模式服务中国的功能定位

直到 20 世纪 80 年代，中国都是以一种自上而下和中央政府
为中心的模式来进行基础设施建设。基础设施建设的主要资金来
源是国家的财政预算，除了经费之外的包括设计、建造、运营和
维护风险都完全由国有企业承担。然而，有限的基础设施及相关
服务供给能力不足成为阻碍我国经济发展的障碍。发达国家基础
设施建设私有化的成功正席卷全球，我国计划经济体制下的基础
设施建设模式也受到这一趋势的影响，被注入了一股转型的外部
动力。

改革开放以后，随着政策的逐步放开，我国开始尝试引入外
资进入基础设施建设。初期主要以 BOT 形式为主，运行项目主
要集中于广州、深圳等，在公路、电力等领域投资相对较多。当
时，我国地方政府在该模式领域还未制定相关法律法规，各项审

批制度尚未规范，PPP 模式并没有得到推广。1994 年分税制改革后政府开始有意识地主动推行 PPP 项目，并颁布了相关政策，例如，1995 年的《对外贸易经济合作部关于以 BOT 方式吸引外商投资有关问题的通知》和《关于试办外商投资特许权项目审批管理有关问题的通知》，2001 年的《国家计委关于印发促进和引导民间资本投资的若干意见的通知》，2002 年的《关于加快市政公用行业市场化进程的意见》。我国在这个阶段对 PPP 模式进行了很多的尝试，为以后发展 PPP 模式打下了良好基础。一直到 2017 年，这期间成立了许多项目，项目产量非常高。中央政府在逐步完善市场经济环境下，吸取总结了各地方关于 PPP 模式的成功经验和失败教训，积极引导基础设施建设市场化改革，各类企业之间竞争非常激烈，各项目在招投标的过程中十分透明，一方面为我国市场经济的发展提供了良好的环境，另一方面使得该模式下的法律制度也得到了进一步完善。

2008 年金融危机发生后，国家为了刺激内需、促使国内经济快速平稳的发展、避免国际金融危机对我国产生不利的影响，推出了四万亿刺激计划，将大量的资金投入基础设施建设中，阻挡了许多社会资本进入基础设施的建设与运营中。PPP 模式失去了动力和支撑，2010 年该项目的整体运作跌至谷底。2010 年，国务院出台了相关政策，私人部门的准入领域标准得以明确，为公私合作模式的进一步发展带来了新的生命力。但由于这个阶段的总体政策是偏向国有企业，真正意义上的 PPP 模式项目出现萎缩的现象。2013 年至今，我国经济水平得到高速提升，PPP 模式受到社会资本的高度认可，为我国经济社会的良好发展提供了最佳的投资方式，公共服务供给得到进一步改善，并且 PPP 入库项目数量也在呈逐年上升趋势。中央政府和地方政府对 PPP 模式都给予了高度的重视，并推出了大量的 PPP 项目。2013 年，党的十八大会议提出让市场在资源配置中起决定性作用。2014 年以来，政府大力推行 PPP 模式，国务院及有关部委先后制定并出台了一系列的政策性文件，提倡和推动 PPP 模式在我国各行业领域的广泛应用与发展。

3.1.2　环保 PPP 项目的应用与落地

近些年，我国经济飞速增长，环境污染问题也随之而来。一方面，粗放型发展模式在促进经济快速增长的同时也在一定程度上导致了资源的过度开发以及低效利用；另一方面，随着城镇化进程的加快，城镇人口数量和密度快速攀升，随之产生的污水以及垃圾等环境污染物也不断增加。2013 年全国雾霾爆发，环境问题开始牵扯人心，全国人民开始关注起环保问题，也推动了大气环境治理。近年来，国家不断倡导经济转型，提倡绿色发展，做好污染防治工作是建设美丽中国的内在要求，更是满足人民群众不断增长的优美生态环境需要、助力绿色发展的必由之路。2018 年，生态文明建设被正式写入党章，绿色环保、生态文明成为中国发展的重中之重。2020 年 5 月，习近平总书记在全国生态环境保护大会上提出"把解决突出生态环境问题作为民生优先领域",并于同年 9 月提出"2030 年前碳达峰、2060 年前碳中和"的目标。随着"双碳"战略目标的提出,我国环境治理也步入重点攻坚与精准突破阶段。党的二十大报告也提出要"深入推进环境污染防治",明确要"提升环境基础设施建设水平,推进城乡人居环境整治"。综上,足以看出我国政府改善生态环境的决心。

在此背景下,环境治理使得相关公共基础设施的需求持续快速增长,环保产业也不断发展。由于环保行业项目本身具有典型的外部性和公益性(李凤等,2021),项目体量大、融资数额大、投资期限长,地方政府有限的财政投入难以满足日益增长的环境治理需要,因此,多年来环保服务供给不足问题普遍存在,供给质量与效率不高,且多数环保项目面临资金和技术创新难题,人员专业技能欠缺。由此,多元共治现代环境治理体系的加快构建、地方政府不断加大的财政压力以及环境公共基础设施及服务供给的紧迫性,促使我国政府亟须找到一条能够高效供给环境公共基础设施及服务的新路径。对此,2014 年以来,中国政府在公共基础设施及服务领域大力推行 PPP 模式,将社会资本引入环境保护领域,并发布一系列政策文件以促进 PPP 模式在环境保护领域的应用。譬如,2022 年 5 月财政部印发《财政支持做好碳达峰碳中和工作的意见》中明确提出,"采取多种方式支持生态环境领域 PPP 项目",希望通过 PPP 模式激发民间投资活力，共同实现"绿水青山就是金山银山"的目标。

2014 年以来，随着中央有关政策的不断加码与地方政府的配套落实，我国生态建设与环境保护行业 PPP 模式发展迅速，涉及污水处理、垃圾整治、海绵城市、气体排放与湿地绿地养护等多个领域，PPP 项目入库及落地数量迅速上升。2018 年 10 月，国务院印发的《关于保持基础设施领域补短板力度的指导意见》明确指出，要聚焦生态环保等重点领域短板，加快推进已纳入规划的重大项目，鼓励地方依法合规采用 PPP 等方式，撬动社会资本，特别是民间投资投入补短板重大项目。生态环境治理领域 PPP 项目构建了以政府为核心、企业为载体、社会公众参与的多元主体协同治理机制。政府部门公共政策对生态环保 PPP 模式的支持，不仅有助于破解我国在环境保护方面投资不足问题，实现我国环境保护基础设施及其服务从单一的供给主体向多元化的供给主体转变，还能基于我国社会主义制度优势，深化项目投融资制度改革，实现生态环境领域内的多元共治，推动国家治理能力现代化。截至 2019 年底，全国生态环境 PPP 项目入库数量达 3 196 个，总投资规模达 1.97 万亿元，其中以城市污水处理、综合治理及城市垃圾处理与风力发电等项目的数量所占比最高，分别为 42.99%、29.10% 和 19.7%[①]。

随着我国 PPP 模式的不断发展，生态环保 PPP 项目实施取

---

① 资料来源：财政部政府和社会资本合作中心项目管理库。

得了一系列成就。但由于相关政策法规和制度体系建设不够完善，部分地方政府对 PPP 模式的理解与应用出现偏差，使得我国在生态环保领域推行 PPP 项目的具体实践中面临着一些问题与挑战。为此，我国政府不断出台政策文件与相关措施以促进 PPP 模式的规范发展，譬如，2017 年财政部通过强化监管、严控风险等手段，严格禁止地方政府通过 PPP 模式变相举债，并对不符合要求的 PPP 项目进行集中清退。一系列政策文件的出台，预示着我国 PPP 模式已从项目数量迅速增长的"提量"阶段迈入项目规范发展的"提质"阶段。目前，环保领域已成为我国 PPP 模式的主要适用及重点推进领域之一，PPP 模式也日益成为我国环境公共基础设施及服务领域项目融资的重要途径。PPP 模式应用于生态环境领域的优势，不仅在于能够扩大环保市场规模，更在于能够提高政府预算支出的效率，让环保企业在绿色发展领域发挥市场主导性优势。政府部门公共政策对生态环保 PPP 模式的支持，不仅有助于破解目前我国在环境保护方面投资不足等问题，实现我国环境保护基础设施及其服务从单一的供给主体向多元化的供给主体转变，还能够基于我国社会主义制度优势，深化项目投融资制度改革，实现生态环境领域的多元共治，推动国家治理能力现代化，对于推动国家生态文明建设和创新经济体制改革与社会治理模式具有重要意义（张波等，2020），同时也将更加有利于全面提升我国生态环境公共产品与服务供给的质量与效率，对于打赢污染防治攻坚战、实现新发展阶段国民经济高质量发展作用重大。

3.2 环保 PPP 项目应用于生态治理的基本依据

3.2.1 理论依据

PPP 模式应用于生态环境治理类项目有重要的积极作用,其理论依据在于推动生态环境治理的提质增效。具体来看,环保 PPP 项目的实施对生态环境治理的作用主要分为两个方面,即提质和增效。从提质层面来看,PPP 模式使得社会资本有机会同政府部门进行合作,一同参与生态环境的治理,使得政府在其中的角色得到了重构,由重建设转变为重监管,从而大大提高了 PPP 项目的质量水平。此外,环保类 PPP 项目的公益性使得参与该项目的社会资本无法像投资其他项目一样能够获得丰厚的收益,其更多是背负着一种社会责任,这会在一定程度上倒逼社会参与企业保证项目的完成质量。因为,项目完成的好与坏将直接关乎着企业自身声誉以及今后的发展,进而形成一种企业和社会荣辱与共的关系。环保类 PPP 社会资本参与方只有在最大限度保护环境、资源和社会效益的前提下追求自身利润,推动社会经济的可持续发展,社会才会反哺企业的发展,从而达到互利共赢的效果。再者,生态环境治理具有系统性和复杂性的特点,治理过程往往涉及包括技术、运营经验、管理水平等在内的诸多难题，不可能单纯地依靠政府部门去独立完成。PPP 模式通过引入专业的社会资本方参与其中，能够极大地保证项目最终交付的质量。基于此，环保类 PPP 项目应用于生态环境治理有积极的提质作用。从增效层面来看，人们不断从生态环境中得到服务，同时又对生态环境造成影响，可以说人类自始至终都是生态系统的重要组成。而作为参与活动的社会资本方，其有着较为先进的技术和管理经验，通过 PPP 模式将之应用于生态环境的治理，能为人类提供更为优质的服务，这在某种程度上就是环保类 PPP 项目的增效作用。另外，PPP 项目在生态治理领域的应用，会使生态环境得到一定的改善，生态环境的经济价值和社会价值也会得到进一步释放。在环保类 PPP 项目的建设过程中，以此为出发点，PPP 模式也就发挥了对生态治理的增效作用。同时，环保类 PPP 项目应用的领域是生态环境，这与人们的生活息息相关，即该项目实施的社会意义远大于经济利益，因此，社会资本方不得不谨慎建设与运营，并采取合理措施增强社会效益，以使人们的生态福利增加，而非遭受损害。基于此，环保类 PPP 项目应用于生态治理存在一定的增效作用，主要表现在对经济效益和社会效益的增加。综上，环保 PPP 项目在生态治理领域的应用有着重要的理论依据，并以此来不断提高 PPP 模式对促进生态环境治理的实际效能。

3.2.2　现实依据

近年来，受政府财政支出压力加大等因素的影响，中央政府在环境治理的相关政策文件中不断提及 PPP 模式，加快环保领域市场化改革已然成为今后发展的重要趋势。而 PPP 模式作为政府缓解财政压力的重要方式，其在生态治理领域的应用普及将会大大减轻政府财政在这一方面的支出负担，这也侧面反映出 PPP 模式应用于生态治理所具有的现实价值。具体来看，PPP 模式应用于生态治理项目主要是通过资金途径来为政府财政舒压，即通过社会资本的引入，分摊政府当局在生态治理领域的出资占比，减少政府的资金支出，进而减缓政府当局的财政压力；通过专业化企业的引入，使得项目建设运营流程更加规范化，避免烦琐混乱的流程所带来的无形损耗，从而间接地减少财政资金的损失；通过 PPP 模式引进先进的生态治理技术，在提高生态治理效果的同时，也提高了资金的利用效率，这一观点与学者缪小林和程李娜（2015）的研究结论不谋而合。总体来说，在当前的经济环境下，PPP 模式在多个领域的实践经验已经验证了其所具有的优势，即可以有效地减少项目建设运行的资金成本，提升对项目进程的管理能力，缓解政府财政支出与项目资金需求之间的矛盾冲突等。

3.3 环保 PPP 项目促进生态治理的路径分析

3.3.1 环保 PPP 通过降低政府环保支出压力提高环境治理效率

将 PPP 模式引入环境公共基础设施和服务领域，本质上是借助市场化的资源配置和竞争机制，实现公共产品和服务的多元化供给，减轻政府失灵所产生的资源配置低效等问题，实现供求关系的相对平衡（陈婉玲，2014）。环保项目有着公益性强、项目内容复杂、技术性要求高等特点，所以当前环境保护领域公共产品和服务供给多以政府为主，社会资本参与相对较少。而政府作为行政管理部门，不同于环保经营企业有着丰富的技术管理经验，往往在项目建成后难以发挥出预期的运营效果。因此，在环保领域推进 PPP 模式符合当前我国社会发展的现实需要。另外，大力推行环保 PPP 模式，有助于推动以财政投资为主的公共服务供给方式向以社会资本为主的供给方式转变，使政府财政资金更加注重社会资本引导作用，从而提高环保领域公共基础设施和服务的供给质量和效率，实现财政资金环境污染治理提质增效。而且，PPP 模式的应用在减轻政府财政压力的同时，也推动了政府由项目建设者向监管者角色的转变，有助于政府利用市场化竞争机制，择优选出拥有丰富管理经验、先进绿色技术以及完备人才队伍的优质社会资本方参与环保项目全周期经营管理，提高项目运营效率。最后，较之以往政府项目零散化的采购方式，PPP 模式下的项目在设计、建设、融资、运营等各环节大都会采取捆绑打包的方式，以实现项目实施效率的提升以及减少各环节的非必要成本。而且，出于自身利益最大化的考量，参与 PPP 项目的企业会注重对项目全生命周期的建设管理，避免重建设、轻管理所造成的资源浪费等问题，从而使得 PPP 模式能够充分发挥出其特有优势。

PPP 模式的应用，将市场规则、市场价格以及市场竞争引入环保领域，打破以往由政府部门提供公共基础设施与服务的垄断局面，实现政府、市场和社会的良性互动以及功能互补，进一步推动政府转型和市场机制的完善（鲍曙光等，2022）。首先，目前政府主要通过公开招标的方式选择社会资本负责环保项目的建设及运营等全过程，在这种竞争性机制下，管理经验丰富、技术手段成熟以及资金实力雄厚的优质社会资本在获取中标资格上更具优势。而这些优质社会资本中标后也能将其在技术、人才以及管理经验等方面的优势运用到环境治理领域。与传统政府购买模式相比，优质社会资本能够以更低的成本提供更高质量的环境公共基础设施及服务，有效减少政府在节能环保方面的支出，提高供给效率（王先甲等，2021）。其次，环保 PPP 项目中除政府付费项目外，还存在一定的使用者付费和可行性缺口补助类项目。这些项目主要由使用者支付项目所产生的成本及合理收益，不足部分才由政府补足，将部分环保支出转移给使用者，一方面这能直接减少政府相关节能环保支出，另一方面让使用者付费可以推广"污染者付费"理念，从源头减少污染的同时，加大公众对环保 PPP 项目实施效果的监督，提高项目实施成效。对于政府付费项目，近年来，我国"按效付费"方式不断完善，政府主要通过项目实施成效向社会资本方支付费用，使得社会资本的收入与项目运行绩效直接挂钩，提高政府节能环保支出效率（梅建明和罗惠月，2019）。再次，在传统模式中，由政府负责环保项目的实施、管理等过程，但环保领域对专业化的程度要求较高，政府作为一个宏观管理部门，在环境保护具体项目实施上的专业程度较为欠缺。而在 PPP 模式中，项目的建设及运营等全过程都交由社会资本方负责，政府部门则负责项目的宏观监管及绩效评价等，实现从"实施者"到"监督者"的转化。与政府部门相比，社会资本对成本与风险的承担及利润与回报的实现更为敏感，也更加了解公众的实际需求。这种角色的转变不仅使政府能够减少从前由于专业程度不足等原因导致的非预期支出，还能更有效地对环保项目建设与运行进行监管，从而在减少支出的同时，降低项目风险、提高项目效率（梅建明和罗惠月，2019）。最后，传统项目中建设与运营等阶段交由不同的企业负责，在项目不同阶段均需要进行反复谈判，选取不同负责方，严重影响项目的落地时间和实施成本。而环保 PPP 项目具有将项目建设、运营和维护阶段捆绑打包的特性，政府只需进行一次采购即可确定负责项目全过程的社会资本方，简化项目流程、降低项目相关交易费用（姚东旻和邓涵，2017）。综上，PPP 模式在环保领域的应用可以减少政府在环保领域的支出，降低政府环保支出压力、提高政府支出效率，进而提高环境治理效率。

3.3.2 环保 PPP 通过促进企业绿色技术创新提高环境治理效率

随着环保意识的不断增强，科学技术创新已经成为推动环保工作有效运行的动力。从环境监测到污染控制再到资源回收利用等，科学技术在其中发挥着重要作用。在传统的环保管理模式下，作为宏观管理者的政府部门，在环境治理上的专业性与技术性不足，难以完成相关的绿色技术创新。同时，由于市场竞争不足，政府缺乏升级其污染治理能力的内部动机，使得传统的政府单一供给方式难以满足不断增加的环境治理需要，从而造成了环境治理效能的下降（秦颖等，2018；Munir and Ameer，2020），而环保 PPP 项目则能够有效激励社会资本进行绿色技术创新，进而提高环境治理效率。首先，环保 PPP 项目是绿色发展的重要载体，对最终处理及排放的产物有严格的标准，社会资本需要通过竞争获得参与项目建设的机会。在这一背景下，一方面，社会资本要获得竞争优势，就必须持续改进自己的环保技术与工艺，开展环保技术创新，增强企业的核心竞争力；另一方面，在环保PPP 项目合同中对项目的产出和标准有明确的要求，倒逼社会资本提升自身绿色技术和处理工艺，以满足预期的排放标准及治理目标，从而提高了环境治理效率（石磊，2022）。其次，进行绿色创新需要企业投入大量的研发资金，创新成本较高，且由于研发周期一般较长，短期内难以实现资金回流，十分考验企业的承受能力与资金可持续性。参与具有民生和政府双重属性的环保PPP 项目，能够提升社会资本的企业形象，帮助企业从银行等金融机构获得融资支持，从而缓解企业融资约束，增加企业的现金流，维持企业绿色技术创新行为（王染等，2022）。最后，PPP模式使得政府在环境治理中的角色发生了转变，让政府能更有效地管理和监督环保 PPP 项目的实施效果。政府由项目的直接运营者转变为监管者，根据环保 PPP 项目绩效评价结果对项目安排相应的支出。在这种情况下，为了获得最大的收益，社会资本会增加对绿色技术创新的投入、创新处理技术和工艺、提升环保 PPP项目的产出，从而使得环境治理的效率得到进一步的提升（Park et al.，2018；Cui et al.，2019；逯进等，2020）。

3.3.3 环保 PPP 通过优化资源配置提高环境治理效率

PPP 模式的应用实现了政府传统投融资模式的突破，政府不再采取早期全权操办一切的模式，而是选择引入市场机制，发挥市场在资源配置中的决定作用（于棋，2021）。政府将公共基础设施投资领域的设计、建设、运营、维护等工作交由专业的机构负责，既实现了政府职能的转变，又有效提高了公共产品与服务的供给质量和效率，优化了资源配置。近年来，随着国家对生态环境治理力度的不断加强，环保 PPP 项目落地规模不断扩大，政府在环境公共产品和服务供给效率、资源利用等方面所具有的优势，提高了我国的生态环境治理能力。王守清等（2020）将 PPP 项目全生命周期划分为四个阶段，即项目准备、建设、运营和移交，不同阶段中环保 PPP 通过不同的方式优化资源配置以提高环境治理效率。在项目准备阶段，政府方会基于对项目实施地等方面因素的统筹考虑，依托市场机制择优选择社会资本方进行合作，以实现优势互补为目的来提高此类 PPP 项目的环境治理效率；在项目建设与移交阶段，优质的社会资本方会利用其在生态环境治理方面的经验技术，保障项目建成后的预期效果，并且政府方全过程的绩效监督以及移交阶段的严格验收，也有力保障了环保 PPP 项目的环境治理效率；在项目建成后的运营和维护阶段，社会资本方通过精细化管理和技术更新，降低运营成本的同时，也有助于推动该类 PPP 项目在环境保护方面持续发力。根据现有关于污染处置设施类项目存量数据显示，我国有近 1/3 的存量项目因不同原因陷入停摆或者半停摆，造成环境治理资源的极大浪费①。而

---

① 资料来源：《全国城市生态保护与建设规划》（2015—2020 年）。

PPP 模式的引入将会在很大程度上缓解这种资源配置扭曲现象，提高环保基础设施资产的利用效率，也能吸引优质的社会资本参与投资运营，推动国家污染治理水平的持续提升。

3.3.4 环保 PPP 通过优化政府监管职能提高环境治理效率

传统模式下，政府往往承担直接的环境项目建设和环境服务提供责任，既是"裁判员"又是"运动员"，且多倾向于后者；在 PPP 模式下，政府不直接承担环境类公共服务的产出过程，而是充分借助社会资本优势规避自身垄断性劣势，实现环境公共服务的提质增效。一方面，随着环境类 PPP 项目落地进程的加快，社会资本凭借其资金与融资便利优势，替代财政投入成为该领域项目建设与运营阶段投融资来源的主力军，极大程度上缓释了政府环境治理资金短缺问题，有效规避了项目资金使用效率低下等现象，并通过多方协商、规划将投资成本在较长的项目生命周期中均衡分担，有效控制项目运营风险。另一方面，环境治理中的政府角色逐渐由供给者向监督者与协调者过渡，项目规划、配套支持、宏观调控及监管体系建设成为新的工作重心，使有限的财政资金充分运用于环境监管、资源统筹以及为社会资本服务等领域，达到提升污染治理能力与优化政府职能的双重目的。

3.3.5　环保 PPP 通过推动绿色产业发展提高环境治理效率

在生态环境治理领域引入 PPP 模式有助于重构地方政府在生态环境治理中的角色，从技术、运营和管理等多个方面向社会资本借力，从而推动生态环境治理工作有序展开。同时，通过利用 PPP 模式在"引资"和"引智"方面的优势，结合政府的产业引导，有利于加快促进环境治理服务领域供给侧结构性改革，提高公共服务供给水平和环境污染治理效率。此外，随着政府各项激励政策的出台、环境监管力度的加强，环保类 PPP 项目落地规模不断扩大，使得生态环境治理领域企业融资壁垒和行业准入门槛降低，吸引了更多社会资本的参与，企业依托环保 PPP 项目进行的良性竞争促进了环保产业的发展，甚至会产生一定的正向溢出效应。可以说，企业在不断提高自身核心竞争力的同时，也在推动环境服务产品供给水平的提升。与此同时，在环保 PPP 项目实施过程中现代科学技术应用的普及、新型生产要素的运用，提高了 PPP 项目生态环境治理的成效，达到了"1 + 1 > 2"的目的。利好心理的作用下，许多传统产业也相继加大了对这类领域的投入力度，从而极大地促进了产业的绿色转型和高质量发展，提高了环境治理效率。

3.4 环保 PPP 项目促进生态治理的异质性分析

环保 PPP 项目的实施，对于生态治理的促进作用除了受到自身因素影响之外，还受外部因素的干扰，PPP 模式在生态治理领域的应用往往具有异质性。结合本书第 5～6 章的实证分析来看，环保 PPP 项目对生态环境治理效率的异质性影响可以分为城市规模、环境规制、市场化水平、项目的合同期限和回报机制等，不同异质性因素对环保 PPP 项目促进生态环境治理效率的作用效果各有差异。

从城市规模的异质性方面来看，不同城市规模下，环保 PPP 项目对环境治理效率的异质性影响往往不同。本书在第 5 章作了较为详细的分析，研究发现，不同城市规模主要通过所在城市的项目审批效率、财政承受力和社会资本参与率三方面差异来影响环保 PPP 项目对生态环境治理效率的异质性。具体来看，项目审批效率越高的城市，环保类 PPP 项目落地所带来的污染治理能力提升程度越明显。政府作为生态产品的主要供给者，其治理能力与行政效率在很大程度上决定了环境公共服务的供给质量。高效的公共部门通过对项目前期程序的简化优化与评估评价工作的严格把控，能够更好地实现优质社会资本的精确筛选与项目风险的合理规避，为促进污染治理能力有效提升，提供了稳定的制度环境。而具备更强 PPP 项目财政承受能力的城市，环境类 PPP 项目落地所产生的污染治理效应更强。合理的风险分配是 PPP 项目成功落地的关键要素，有利于保障社会资本在特许经营期内获得较为稳定的收益，从而吸引更多企业参与竞争。同时，在绿色政绩考核与环境服务难以满足公众需求的压力下，可靠的财政承受能力更有利于政府同社会资本达成合作，缩减项目早期阶段的谈判周期。地方政府可以最大程度地发挥财政资金撬动作用，统筹远期规划与近期投入，进一步提升社会资源利用效率与环境服务质量。因此，这些地区更有意愿提供财政支持或相关配套政策，吸引环保类社会资本合作，促成项目最终落地，在较短时间内充分释放环境类 PPP 落地项目对污染治理的正向效应。相比社会资本参与率较低的地区，对社会资本具有较高吸引力城市的环境类 PPP 落地项目所产生的污染治理效应更加明显。大多数环境治理项目生命周期较长，对社会资本的综合实力，特别是融资能力的稳定性要求较高，当市场环境缺乏活跃性时，社会资本进入较为困难，对项目极易形成融资阻碍。社会资本充分参与的地区为本地环境类 PPP 项目提供了更为多元的投融资路径，在政策性资金的带动下，社会闲置资金得以激活，极大缓解了环境治理领域的资金缺口，有效提升了污染治理技术与环境基础设施发展水平。因此，对于社会资本参与率较高的地区而言，扩大环境类 PPP 项目落地规模更有利于发挥其对污染治理的促进作用。

　　从环境规制的异质性方面来看，不同环境规制强度下环保

PPP 项目对环境治理效率的异质性影响各有不同。本书第 6 章通过对学者曹婧等（2022）分类标准的参考，选择具有典型的中央环境规制政策，即两控区政策对各地市环境规制强度进行衡量，按各地市是否处于两控区对环境规制进行区分，认为属于两控区的地市环境规制较强，而不属于两控区地市环境规制较弱。通过实证研究发现，环境规制较强的地区环保 PPP 项目对环境治理效率仍具有显著正向影响，而环境规制较弱的地区环保 PPP 项目对环境治理效率影响的方向仍然为正，但影响并不显著。进而得出，不同环境规制水平下，环保 PPP 项目对环境治理效率的影响确实存在异质性。

从市场化水平的异质性方面来看，不同市场化程度下环保 PPP 项目对环境治理效率是否存在异质性影响，本书第 6 章以樊纲市场化指数为依据，以各地市平均市场化水平为标准，将样本分为市场化程度较高和较低两组，进一步对不同市场化水平下，环保 PPP 项目对环境治理效率的异质性影响进行分析。实证分析结果表示，市场化程度较高的地区，环保 PPP 项目对环境治理效率具有显著的正向影响；而市场化程度较低的地区，环保 PPP 项目对环境治理效率具有不显著的正向影响。这在一定程度上说明，不同市场化程度下，环保 PPP 项目对环境治理效率的影响同样具有异质性。

从项目合同期限的异质性方面来看，不同合作期限的环保 PPP 项目对环境治理效率也存在着一定的异质性影响。本书第 6

章将环保 PPP 项目划分为合作期限长与合作期限短两组，并分别进行分组回归。结果显示，相比于较长合作期限的环保 PPP 项目，较短期限的环保 PPP 项目在环境治理效率方面的正向作用更为显著。结合已有理论分析来看，之所以会出现此类状况，是因为期限较短的 PPP 项目可以充分利用项目前期准备时间短的优势，实现较快速度的运行效能提升，而期限较长的 PPP 项目则受制于其前期筹备时间较长等因素的影响，加上项目实施全过程的资金投入压力和不确定性风险，使得项目在执行初期无法很好地实现有效提升环境治理效能的目的，从而前期项目实施效果不太理想。但是，这并不意味着较长合作期限的环保 PPP 项目没有起到改善环境治理的效果。考虑到我国正式将 PPP 模式应用于生态环境治理领域时间不长的现实，以及总体上有关于环保类 PPP 项目入库和落地数量分别在 2017 年后才得以快速增长的情况，多数环保类 PPP 项目运营时间短是实际存在的的。正因如此，本书在研究中所使用到的样本数据仅仅统计到 2020 年，所以对于实证分析过程中得到的合作期限较长环保 PPP 项目的环境治理效率不够理想且影响方向是相反的结论，有待于进一步深入研究。

从回报机制的异质性方面来看，回报机制的不同直接决定了社会资本参与环保 PPP 项目的不同收益来源，所以以不同回报机制下环保 PPP 项目对环境治理效率的影响存在异质性。本书第 6 章以 2 456 个环保 PPP 项目回报机制的平均值 2.3 为基础，参考梅建明和绍鹏程（2022）的方法，根据回报机制综合得分是否大于 2.3，将样本分为偏向非政府付费和偏向政府付费两类，并分别进行回归分析。政府付费类 PPP 项目与非政府付费类 PPP 项目的不同，会造成项目实施所达到的环境治理效果有一定差异。对于非政府付费的环保 PPP 项目，此类项目多由社会资本出资或使用者付费，政府则对可行性的缺口进行补助。一方面，社会资本为了顺利获取预期回报，会更加重视环保 PPP 项目的实施成效，以满足项目使用者的要求。另一方面，非政府付费的环保 PPP 项目多涉及垃圾及污水处理领域，与民众的生活紧密联系，项目见效较快且较短时间内能获得回报，短期内提升了环境治理效率。因此，此类环保 PPP 项目的环境治理效应更强。而对于偏向政府付费的项目，此类项目由财政直接付费，对于减少政府在环境领域的各项投入所起的作用较为有限，且项目绩效评价指标仍有待完善，政府按效付费机制仍有待健全，一定程度上存在政府兜底的情况。一方面，社会资本缺乏满足使用者要求以获取收益的动力，反而容易降低项目实施成本以增加其项目利润，进而导致项目实施成效难达预期，无法实现提高环境治理效率的目的。另一方面，政府付费类环保 PPP 项目多为综合治理项目，涉及河流综合治理、人居环境综合整治等领域，相对于非政府付费项目，其投资规模更大、实施周期更长、项目见效更慢，短期内不易提升环境治理效率。因此，此类环保 PPP 项目的环境治理效应较弱。

3.5　本章小结

PPP 模式在不同国家具有独特的发展历程，相比于传统的政府提供公共服务方式，PPP 模式展现了巨大优势，带来了深远影响。在我国地方政府普遍面临财政赤字背景下，PPP 模式使得政府能以较少的资金投资更多基础设施建设模式，有效减轻了政府债务负担。并且 PPP 项目建设提供了众多工作岗位，可以缓解就业问题，提高社会就业率，拉动经济增长。此外，国家引入社会资本参加基础设施建设，还可以调节市场经济，为社会资本提供新的投资渠道。最重要的是，引入社会资本参加基础设施建设具有经济性，政府在基础设施领域囿于建设低效、高成本等，而社会资本恰能用自身的优势补齐。社会资本的专业性、创新性、高效性等可以实现双方合作共赢，为社会提供高水平的基础设施服务。我国自 2014 年开始大力推行 PPP 模式，在基础设施建设领域成效初显，并很快渗透到环保等其他公用事业领域。环保领域 PPP 项目引入专业社会资本进行融资、建设、运营管理等，从而提高了环保公共产品和服务的供给质量和效率，有效缓解了政府环境治理财政压力，在环境治理领域得到普遍推广。

将 PPP 模式应用于生态环境治理拥有理论依据和现实依据的

双重支撑。在理论层面,环保 PPP 模式能够推动生态环境治理的提质增效。政府在生态环境治理中由"重建设"到"重监管"的角色转变,环保类 PPP 项目中企业与社会荣辱与共的关系以及具有技术、运营、管理经验的专业企业的参与,使得社会资本主动地发挥各项优势建设和运营项目,在最大限度保护环境、资源和社会效益的前提下追求自身利润,推动社会经济的可持续发展,达到互利共赢的效果。这些都极大地提升了生态环境治理的质量、增加了生态环境治理的效率。在现实层面,环保 PPP 模式缓解了政府财政支出与项目资金需求之间的矛盾。PPP 模式在生态治理领域的应用普及将会大大减轻政府财政在这一方面的支出负担,这也侧面反映出 PPP 模式应用于生态治理所具有的现实价值。近年来,受政府财政支出压力加大等因素的影响,中央政府在环境治理的相关政策文件中不断提及 PPP 模式,加快环保领域市场化改革已经成为今后发展的重要趋势。

PPP 模式在生态环境治理领域的应用能够提高环境治理效率,主要有以下五条路径。第一,环保 PPP 通过降低政府环保支出压力提高环境治理效率。目前在竞争性机制下,政府选择优质社会资本负责项目的建设及运营,既有利于将各方面的优势应用到环境治理领域,又有利于企业和政府角色的转变。同时,"按效付费"方式的不断完善与环保 PPP 项目打包的特性,都可以减少政府在环保领域的支出,提高环境治理效率。第二,环保 PPP 通过促进企业绿色技术创新提高环境治理效率。

环保 PPP 项目对于绿色发展的高标准以及在环保 PPP 项目中政府的有效监督，能够刺激企业进行绿色技术创新，提高核心竞争力，进而提高环境治理效率。第三，环保 PPP 通过优化资源配置提高环境治理效率。环保 PPP 项目落地规模的扩大，可以从环境公共服务的供给效率与资源利用效率上实现资源配置优化，达到提升污染治理水平的目的。第四，环保 PPP 通过优化政府监管职能提高政府环境治理效率。环保 PPP 项目极大程度上缓释了政府财政压力，政府决策由供给者向监督者与协调者过渡，使有限的财政资金充分运用于环境监管，达到提升污染治理能力与优化政府职能的双重目的。第五，环保 PPP 通过推动绿色产业发展提高环境治理效率。PPP 项目在环境治理领域的广泛落实有利于推进生态建设与环境服务供给侧结构性改革，特别是推动绿色产业向规范化高质量方向跨越式发展，实现污染治理能力的有效提升。

PPP 模式在生态治理领域的应用往往具有异质性，异质性影响可以分为城市规模、环境规制、市场化水平、项目的合同期限和回报机制等。从城市规模来看，不同城市规模主要通过所在城市的项目审批效率、财政承受力和社会资本参与率三方面差异来影响环保 PPP 项目对生态环境治理效率的异质性。项目审批效率越高、PPP 项目财政承受能力越强、社会资本参与率越高的城市，环保类 PPP 项目落地所带来的污染治理能力提升程度越明显。从市场化水平来看，不同市场化程度下环保

PPP 项目对环境治理效率的影响同样具有异质性。从项目合同期限来看，合作期限较短的 PPP 项目，由于前期准备时间短，能够更快地发挥 PPP 项目的优势，从而提高环境治理效率。对于合作期限长的环保 PPP 项目，由于项目准备时间长、前期投入多等综合原因，使得项目实施前期未能提高环境治理效率，甚至由于项目前期的高投入导致环境治理效率短期内的降低。从回报机制来看，非政府付费的环保 PPP 项目以使用者付费为主，企业更加注重项目的实施成效，且此类项目实施效果直观可见，因此，对环境治理的效率具有直接显著正向影响。而对于偏向政府付费的项目，按效付费机制不健全以及综合治理项目周期长、规模大、见效慢等特点，导致短期环境治理效率难以显著提升。

第4章
环保 PPP 项目与生态环境治理的发展现状与问题分析

4.1 环保 PPP 项目现状、指标选取与结果分析

4.1.1 环保 PPP 项目发展现状与问题分析

4.1.1.1 环保 PPP 项目发展现状

从环保 PPP 项目落地时间来看，2015～2018 年环保 PPP 项目落地数量出现井喷式增长，这是由于自 2014 年以来，地方政府债务管理模式变化，财政部和国家发展改革委开始密集出台有关 PPP 的相关政策和指导文件，PPP 模式开始受到高度重视（秦士坤等，2021），环保 PPP 项目入库及落地数量快速攀升。但在 PPP 模式高速发展的背后，由于 PPP 相关法律体系不健全、政府预算软约束以及部分地方政府对 PPP 模式定位认识不清等原因，导致 PPP 模式一度被异化为融资工具，出现一批"明股实债"

类 PPP 项目，违背了 PPP 项目的实施初衷。对此，自 2017 年开始，财政部和国家发展改革委开始逐步推动 PPP 模式的规范发展，对项目入库进行严格要求，加强项目监管，并清退一批不符合要求的伪 PPP 项目。因此，2017 以后，环保 PPP 项目发起数量锐减，进而导致 2018 年以后环保 PPP 项目落地数量不断下降。随着 PPP 模式发展不断规范，环保 PPP 项目也从高速发展阶段迈入高质量规范发展阶段。环保 PPP 项目落地情况如图 4－1 所示。

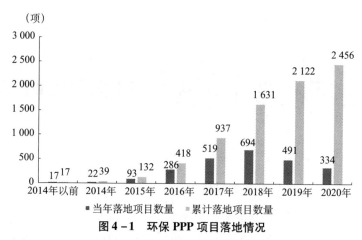

图 4－1 环保 PPP 项目落地情况

资料来源：财政部 CPPPC 项目库。

就落地项目区域分布情况来看（如图 4－2、图 4－3 所示），东、中、西部地区环保 PPP 落地项目数量存在较大差异，东、中、西部地区已落地环保 PPP 项目数量分别为 1 052 项、855 项和 549 项，东部地区环保 PPP 落地项目数量最多、中部次之、西部最少。但从落地项目投资额情况看，中部地区虽然落地项目总量明显少于东部地区，但总体项目投资额却与东部地区十分接近。说明相较于东部地区，中部地区单个环保 PPP 项目的投资额更高，项目体量更大。

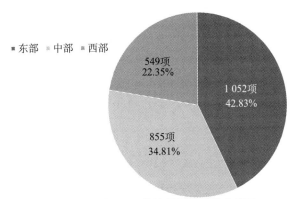

图 4 - 2　环保 PPP 落地项目地区分布情况

资料来源：财政部 CPPPC 项目库。

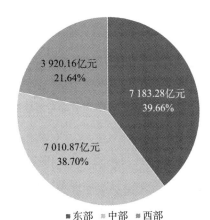

图 4 - 3　环保 PPP 落地项目投资额地区分布情况

资料来源：财政部 CPPPC 项目库。

具体到各省份，我国各省份环保 PPP 项目落地数量存在明显差异，省际分布不均衡现象较为突出。其中，广东省环保 PPP 落地项目总数达到 307 项，在全国处于领先水平，而广东省东莞市环保 PPP 落地项目高达 132 项，是我国环保 PPP 落地项目最多的地市。另外，由图 4-4 可以看出，PPP 模式在河南、安徽、山东等省环境保护及治理领域也得到了广泛应用，而上海、青海、宁夏、重庆、黑龙江五地环保 PPP 项目落地数量不足 20 个，相对较少。

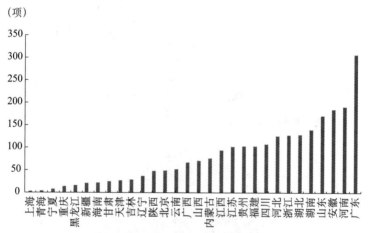

(项)

图 4-4　30 个省份环保 PPP 项目落地情况

资料来源：财政部 CPPPC 项目库。

本书根据环保类 PPP 项目的特性，同时参考夏颖哲（2022）的分类方式，将环保 PPP 项目分为环保基础设施类、生态环境治理类、林业及景观绿化类三类。其中，环保基础设施类包括污水处理、垃圾处理、垃圾焚烧发电、环卫一体化等项目；生态环境治理类包括水环境治理、生态环境修复及综合治理、城乡人居环境整治等项目；林业及景观绿化包括景观绿化提升工程及储备林建设等项目。从项目落地数量看，环保基础设施类 PPP 项目占环保 PPP 项目的比重超过六成，一方面，2017 年财政部等四部委联合发布《关于政府参与的污水、垃圾处理项目全面实施 PPP 模式的通知》，明确要求政府只能通过 PPP 模式参与污水、垃圾处理项目，形成了以社会资本为主的污水及垃圾处理市场，为污水、垃圾处理类环保 PPP 项目的落地提供了政策保障；另一方面，以垃圾及污水处理为代表的环境基础设施类项目具有较为稳定的现金流，项目投资风险相对较低。但从环保 PPP 项目投资额看，虽然生态环境治理类项目不足环保 PPP 项目总数的三成，但其投资额却超过环保 PPP 项目总投资额的五成，造成这种现象的主要原因是，生态环境治理类 PPP 项目多为环境综合治理项目，相比垃圾及污水处理项目，生态环境治理类项目涉及的治理范围更大、治理情况更加复杂，因此，项目投资额也更高。环保 PPP 项目行业分布情况及各行业投资额分布情况如图 4-5、图 4-6 所示。

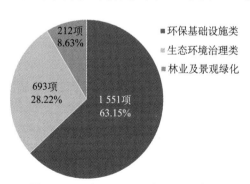

图 4-5　环保 PPP 项目行业分布情况

资料来源：财政部 CPPPC 项目库。

91

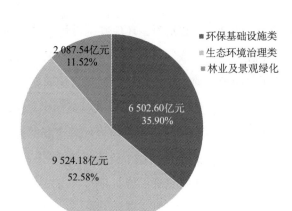

图 4 - 6　环保 PPP 项目行业投资额分布情况

资料来源：财政部 CPPPC 项目库。

　　基于上述理论分析，回报方式对于环保 PPP 项目的实施成效具有重要影响，因此，本书进一步对环保 PPP 项目回报方式分布情况进行整理。如图 4 - 7 所示，环保 PPP 项目回报机制包括使用者付费、可行性缺口补助以及政府付费三类。使用者付费即通过合理定价向项目使用者收取费用以弥补项目建设及运营等成本，一般适用于少数能够产生稳定现金流的污水及垃圾处理项目，但此类项目较少。因此，采用使用者付费机制占比很低，仅为 3.46%。我国环保 PPP 项目通常采用可行性缺口补助或政府付费的回报方式，可行性缺口补助是由政府和使用者分别承担部分支出责任，采用可行性缺口补助的项目，一般具有一定的现金流，但仅靠自身收益难以弥补项目成本，需要政府进行补助，大部分垃圾及污水处理项目均采用此种回报机制。而政府付费即项目本身难以产生现金流，只能通过由政府提供财政资金弥补项目成本，例如，农村污水治理、水环境综合治理、生态环境修复整治等难以向受益人收取费用，只能通过政府支付资金的项目多采用此种回报机制。与使用者付费以及可行性缺口补助相比，政府付费项目中社会资本承担的风险相对较小，但政府付费在缓解地方政府财政压力方面所起的作用相对有限。

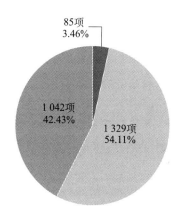

图 4-7　环保 PPP 项目回报机制分布情况

资料来源：财政部 CPPPC 项目库。

　　鉴于环保 PPP 项目具有合作周期长的特性，本书进一步对环保 PPP 项目合作周期情况进行分析。由图 4-8 可以看出，环保 PPP 项目合作期限通常在 10~40 年。一方面，合作期限长使社会资本更有动力提高项目前期建设质量以减少后期运营等成本，从而降低项目全生命周期成本、提高项目全生命周期效率。另一方面，项目的合作时间越长，项目面临的不确定性也就越高，项目的融资难度也就越大。

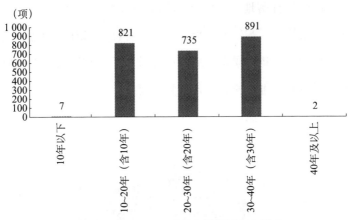

图 4 - 8　环保 PPP 项目合作期限分布情况

资料来源：财政部 CPPPC 项目库。

4.1.1.2　环保 PPP 项目发展存在的问题

首先，缺乏专门的法律保障。尽管 2014 年以来，以财政部及国家发展改革委为代表的相关部委不断出台有关 PPP 的政策和指导文件，然而目前我国尚未就 PPP 形成国家层面的法律体系。现有的 PPP 相关制度仍以规范性文件和通知为主，在法律层级及效力上仍处于较低水平，对于 PPP 模式的职责分工等仍缺乏法律层面的统一规定，且不同部委发布的文件可能存在一定冲突，使社会资本难以作出准确判断。同时，由于政策文件的法律层级较低，对于政府的约束力较为有限，也会严重影响社会资本参与环保 PPP 项目的热情。而在规范发展阶段，上位法缺乏将严重限制 PPP 模式的进一步发展。

其次，累计落地项目数量增速放缓。2018～2020 年，环保 PPP 项目落地数量不断下滑，累计落地项目数量增速放缓。一方面，近年来，PPP 模式发展不断规范，对环保 PPP 项目的入库要求及项目监管更加严格，环保领域 PPP 项目也从高速发展阶段迈入高质量规范发展阶段。另一方面，由于政府财政支出压力加大等现实困境，虽然中央政府在环境治理相关政策文件中不断提及 PPP 模式，要求加快环保领域市场化改革，但地方政府受隐性债务管理趋严等因素影响，对于环保 PPP 项目的热情有所下降，导致环保 PPP 项目入库及落地数量减少。但在目前"双碳"背景下，PPP 模式在助力污染防治及绿色低碳方面仍大有可为，环保 PPP 项目落地数量有待提升。

再次，政府付费类项目占比过高。环保 PPP 项目具有合作时间长、项目成本高等特点。目前，环保 PPP 项目中使用者付费项目仅占 3.46%，项目仍主要以可行性缺口补助和政府付费为回报方式，其中政府付费项目占项目总数的四成以上。大部分项目仍存在自身造血能力较低、缺乏有效融资渠道、对财政资金依赖度过高等问题。这种过于依赖政府财政付费或补贴的回报方式，在目前政府财政吃紧的情况下，显然难以为继，且在缓解政府财政压力、提高环境治理效率方面能够发挥的作用也较为有限。

最后，区域发展差异较大。通过分析环保 PPP 落地项目及投资额分布情况可以发现，西部地区环保 PPP 落地项目数量仅占全部环保 PPP 项目的 22.35%，投资额也仅占全部项目投资金额的 24.64%，均远低于东部及中部地区，发展相对滞后。我国东、中、西部地区在发展政策、要素禀赋以及环境基础设施等方面均存在明显差异，西部地区相较于东、中部地区财政压力更大，受自身财力等因素限制，社会资本对西部地区政府承担项目风险的能力缺乏信心，导致社会资本参与环保 PPP 项目积极性较低，政府吸引优质社会资本参与 PPP 项目合作的难度更大。因此，西部地区无论是环保 PPP 项目落地数量还是投资金额均明显少于中、东部地区。

4.1.2 综合指标体系选取与指标分析

4.1.2.1 综合指标选取及构建依据

梳理现有文献发现，目前学术界对于 PPP 项目发展情况的测度仍处于不断探索阶段，以往学者通常选择 PPP 项目的落地率、投资规模以及落地数量等单一指标对 PPP 发展态势进行衡量。且相较于 PPP 项目实施成效，学界更加关注项目内外部因素对于项目落地率、社会资本参与率等产生的影响。譬如，沈言言和宗庆庆（2022）发现，在区位处于劣势地区的 PPP 项目中社会资本出资更多。李凤等（2021）以我国西南地区为样本，从项目内部自身因素以及项目所处外部环境因素两方面，对影响 PPP 项目落地率的主要因素进行实证分析。但这种将单一指标作为 PPP 项目发展情况衡量标准的方式难以反映环保 PPP 项目的内部特征，也难以将 PPP 项目与传统政府采购项目进行有效区分，无法准确反映项目具体情况以及发展质量。对此，本书通过参考财政部政府和社会资本合作中心中 PPP 项目相关发展报告，并结合梅建明和绍鹏程（2022）构建的 PPP 评价指标体系，以及李凤等（2021）对 PPP 项目指标的衡量方式，建立涵盖环保 PPP 项目多重发展维度的综合评价指标体系，以衡量环保 PPP 项目发展情况。具体指标选取及衡量方式见表 4 - 1。

表 4 - 1　　　　　环保 PPP 项目综合评价指标体系构成

指标体系	指标名称	指标衡量方法	指标属性
环保 PPP 项目综合评价指标体系	项目个数（X1）	项目累计落地个数	正
	项目规模（X2）	项目累计投资金额	正
	示范批次（X3）	将示范项目赋值为 1，非示范项目赋值为 0，加总后取平均值	正
	采购方式（X4）	依照公开招标、邀请招标、竞争性磋商、单一来源采购、竞争性谈判的顺序赋值 1~5 后进行加总取平均值，反映项目交易成本	正
	运作方式（X5）	依照 OM、TOT、ROT、BOT、TOT + BOT、BOO、其他的顺序赋值 1~7 后进行加总取平均值，反映项目风险程度	逆
	回报方式（X6）	依照使用者付费、可行性缺口补助、政府付费的顺序赋值 1~3 后进行加总取平均值，反映政府承担的财政压力	逆
	合作期限（X7）	项目平均合作期限	正

首先，参考现有研究成果，本书将项目个数和项目规模纳入指标体系以衡量地区环保 PPP 项目具体实施情况。其次，为促进 PPP 模式的进一步推广，各级政府选取了一批具有引导作用的环保项目作为示范项目，与非示范项目相比，示范项目发展质量相对更高且获取更多的财政以及政策支持的可能性也越大。从采购方式来看，环保 PPP 项目的采购方式包括公开招标、邀请招标、竞争性磋商、单一来源采购以及竞争性谈判五种，其中公开招标涉及环节较多、招标时间较长，而竞争性磋商以及谈判受到的时间等限制较少。一般来说，项目采购方式越简单、限制条件越少，越有利于降低项目交易成本、提高项目运作效率。就运作方式而言，我国环保 PPP 项目涉及多种运作方式，主要包括 BOT（建设—经营—转让）、BOO（建设—拥有—运营）、ROT（重建—运营—移交）、TOT（转让—经营—转让）及两种方式组合运作，例如，TOT + BOT 或 BOO + TOT。相比其他运作方式，TOT 以及 ROT 这两种方式面临的风险更小。除此之外，回报方式对环保 PPP 项目的发展质量也具有重要影响，基于前文研究结论，使用者付费、可行性缺口补助以及政府付费三种不同的回报机制中，政府财政支出责任依次加大、对财政压力的缓解作用依次降低。最后，就项目合作期限而言，项目合作时间长，在短期内会增加项目的融资难度以及谈判成本，但从长期看更有利于减少项目全周期交易成本，对社会资本进行绿色技术创新等方面的

激励作用也更强。

4.1.2.2　指标描述性统计分析

　　为更加清晰地反映环保 PPP 项目个体特征，同时为方便与后文实证研究部分中地级市面板数据进行匹配，本书对财政部 CPPPC 项目管理库中的项目进行筛查整理，最终，在截至 2020 年底前已落地的环保 PPP 项目中，筛选出 2 456 项，并进一步对筛选出的各环保 PPP 项目的投资规模、示范层级、采购方式等指标的具体情况进行统计，以及对相关指标进行赋值。最后，对环保 PPP 项目各指标进行描述性统计（见表 4 - 2）。可以看出，环保 PPP 项目投资规模存在显著差异，已落地项目中投资金额最少的仅 1 088 万元，而最多的达到了 3 000 093 万元。另外，示范批次均值仅 0.141，说明环保 PPP 项目中示范项目占比较少。而采购方式均值仅为 1.439，说明目前环保 PPP 项目仍以公开招标作为主要采购方式。就回报机制而言，我国环保 PPP 项目回报机制得分均值为 2.39，说明环保 PPP 项目主要通过政府付费的方式弥补成本及获得收益，与前文现状分析中结论一致。最后，从合作期限看，环保 PPP 项目合作期限同样存在明显差异，且项目平均合作期限为 22.669 年，显示出环保 PPP 项目具有合作周期长的特征，为上文的理论分析和下文的实证研究提供了一定的支撑。

表 4 - 2　　　　　环保 PPP 项目各分项指标描述性统计

指标名称	指标符号	样本数	平均值	标准差	最小值	最大值
项目规模	X2	2 456	73 795.091	152 418.52	1 088	3 000 093.2
示范批次	X3	2 456	0.141	0.348	0	1
采购方式	X4	2 456	1.439	0.907	1	5
运作方式	X5	2 456	4.332	1.144	1	7
回报方式	X5	2 456	2.39	0.554	1	3
合作期限	X7	2 456	22.669	7.097	5	41

本书在对环保 PPP 项目微观数据进行整理统计后，还要进一步将其整理成面板数据与 2014～2020 年地级市宏观数据进行匹配，并在此基础上展开研究。因此，本书将整理成面板数据的各地市环保 PPP 项目分项指标情况进行描述性统计，囿于数据可得性，剔除西藏地区、各自治州以及三沙、儋州、毕节等宏观数据难以完整获取的地区样本，最终得到 278 个地市数据，描述性统计结果见表 4 - 3。由于部分地市部分年份不存在已落地环保 PPP 项目的情况，因此，各分项指标描述性统计结果最小值均为 0，这也导致各指标的均值较实际情况偏小。2014～2020 年，我国 278 个地市平均每年累计已落地的 PPP 项目个数为 3.942 个，投资额仍达到 282 018 万元，说明 PPP 模式在我国各地市环保领域得到了较为广泛的应用。回报方式及合作期限的均值由于部分零值的存在小于项目层面的统计结果。

表 4 – 3　　各地市环保 PPP 项目各分项指标描述性统计

指标名称	指标符号	样本数	平均值	标准差	最小值	最大值
项目个数	X1	1 946	3.942	6.612	0	131
项目规模	X2	1946	282 018.22	584 106.56	0	6 138 208.2
示范批次	X3	1 946	0.19	0.311	0	1
采购方式	X4	1 946	1.117	1.013	0	5
运作方式	X5	1 946	2.861	2.131	0	7
回报方式	X5	1 946	1.594	1.177	0	3
合作期限	X7	1 946	15.438	11.747	0	37

4.1.3　测度方法与结果分析

4.1.3.1　测算方法说明

　　熵权法是一种根据指标信息熵的大小对指标进行赋权的一种客观方法，相较于层次分析法等主观性赋权方法，熵权法可以有效避免由于主观打分可能导致的偏差，因此，熵权法广泛应用于综合评价方法中。同时，为克服以往熵权法只能处理截面数据的缺点，本书采用杨丽与孙之淳（2015）改进后的面板熵权法，处理过程如下。

　　第一步：根据各地市各年度上述七个指标信息形成原始矩阵，x_{ijk} 表示第 i 年，第 j 个地市，第 k 个指标的值。

101

第二步：由于不同指标的量纲及单位存在差异，因此对指标进行标准化处理。正向指标标准化：$x'_{ijk} = \frac{x_{ijk} - x_{mink}}{x_{maxk} - x_{mink}}$，负向指标标准化：$x'_{ijk} = \frac{x_{mink} - x_{ijk}}{x_{mink} - x_{maxk}}$，其中 x_{mink}、x_{maxk} 分别表示第 k 个指标在 n 个地市 r 个年份中的最小值与最大值。指标标准化处理后，x'_{ijk} 的取值范围为 0～1，表示 x_{ijk} 在 n 个地市 r 个年份中的相对大小。另外，为保证后续步骤的正常进行，标准化后对于指标为 0 的值均加上 0.001 进行偏移。

第三步：计算指标的比重。$y_{ijk} = \frac{x'_{ijk}}{\sum_i \sum_j x'_{ijk}}$。

第四步：计算第 K 项指标的信息熵。$s_k = -\frac{1}{\theta} \sum_i \sum_j y_{ijk} \ln(y_{ijk})$，其中 $\theta > 0$，$\theta = \ln(rn)$。

第五步：计算第 K 项指标的信息效用值。$g_k = 1 - s_k$。

第六步：计算第 K 项指标的权重。$w_k = \frac{g_k}{\sum_k g_k}$。

第七步：计算各地市赋权后的环保 PPP 项目综合得分。$h_k = \sum_k w_k x'_{ijk}$。

第六步中，各分项指标权重结果见表 4 - 4，可以看出，各指标权重存在一定差异，权重较大的指标为示范批次及项目规模，分别为 0. 252 1 和 0. 245 3，而比重较小的指标为运作方式、合作期限以及回报方式，均不足 0.1。

表 4 – 4　　　　　　　各分项指标熵权法权重

指标符号	X1	X2	X3	X4	X5	X6	X7
指标名称	项目个数	项目规模	示范批次	采购方式	运作方式	回报方式	合作期限
指标权重	0.184 9	0.245 3	0.252 1	0.109 7	0.095 0	0.029 8	0.083 2

4.1.3.2　环保 PPP 项目测度结果分析

受篇幅等限制，本书研究主体，即各地市环保 PPP 项目综合得分情况，难以进行一一汇报，因此，本书通过对同一省份各地市环保 PPP 项目得分取均值的方式，对各省份环保 PPP 项目发展情况进行分析。表 4 – 5 显示了除西藏和港、澳、台外，其余 30 个省份环保 PPP 项目发展情况。可以发现，横向来看，除北京、天津、广西、贵州以及云南环保 PPP 项目得分不断升高外，其他省份环保 PPP 项目呈现波动上升的趋势，且绝大多数省份环保 PPP 项目得分在 2016 年或 2017 年取得峰值，这与前文中环保 PPP 项目数量在 2016～2018 年出现井喷式增长情况相符合。纵向来看，我国各省份环保 PPP 项目发展不均衡的情况较为突出。以 2020 年为例，环保 PPP 项目得分最高的北京为 0.367 5，而得分最低的广西仅为 0.136 3，存在较大差距。分区域看，我国东部地区环保 PPP 项目发展最好、中部地区次之、西部地区最差。

表 4 – 5　　　　2014～2020 年各省份环保 PPP 项目发展情况

地区	省份	2014 年	2015 年	2016 年	2017 年	2018 年	2019 年	2020 年
东部	北京	0.132 5	0.202 5	0.281 3	0.287 5	0.353 6	0.361 7	0.367 5
	天津	0.113 0	0.113 0	0.113 0	0.126 8	0.217 8	0.221 7	0.362 4
	上海	0.414 7	0.414 7	0.414 7	0.414 7	0.414 7	0.269 4	0.232 1
	河北	0.113 0	0.152 5	0.201 7	0.163 1	0.160 3	0.173 5	0.182 8
	辽宁	0.113 0	0.150 3	0.148 1	0.153 5	0.152 3	0.155 0	0.155 3
	江苏	0.113 4	0.176 6	0.221 1	0.223 9	0.201 9	0.185 7	0.190 3
	浙江	0.233 4	0.280 2	0.302 1	0.283 1	0.264 0	0.253 0	0.247 3
	福建	0.164 4	0.165 4	0.178 9	0.263 0	0.223 8	0.214 7	0.219 4
	山东	0.128 3	0.226 1	0.255 1	0.228 6	0.220 3	0.218 4	0.219 1
	广东	0.120 8	0.143 3	0.178 8	0.160 6	0.162 1	0.166 2	0.174 1
	海南	0.264 2	0.393 2	0.296 2	0.298 3	0.208 3	0.300 7	0.300 7
	均值	0.173 7	0.219 8	0.235 5	0.236 6	0.234 5	0.229 1	0.241 0
中部	山西	0.113 0	0.141 2	0.293 6	0.283 0	0.209 8	0.180 9	0.176 9
	吉林	0.113 0	0.149 6	0.186 2	0.206 5	0.191 8	0.192 8	0.191 5
	黑龙江	0.113 0	0.113 0	0.113 0	0.112 1	0.117 3	0.137 6	0.137 5
	安徽	0.167 1	0.207 9	0.204 2	0.193 5	0.178 6	0.172 6	0.181 8
	江西	0.113 0	0.141 5	0.154 9	0.168 8	0.166 1	0.158 8	0.164 1
	湖北	0.120 0	0.146 6	0.239 1	0.230 7	0.225 0	0.235 7	0.239 1
	湖南	0.158 6	0.197 9	0.267 6	0.299 9	0.269 7	0.255 5	0.244 2
	河南	0.113 0	0.163 5	0.203 0	0.218 0	0.210 6	0.204 6	0.208 0
	均值	0.126 3	0.157 7	0.207 7	0.214 1	0.196 1	0.192 3	0.192 9

续表

地区	省份	2014 年	2015 年	2016 年	2017 年	2018 年	2019 年	2020 年
西部	广西	0.113 0	0.112 8	0.117 3	0.128 1	0.127 8	0.129 2	0.136 3
	内蒙古	0.113 0	0.236 8	0.308 1	0.306 0	0.309 8	0.299 2	0.297 9
	重庆	0.113 0	0.113 0	0.093 7	0.093 7	0.124 2	0.149 5	0.211 6
	四川	0.134 8	0.182 2	0.236 6	0.246 3	0.219 5	0.217 8	0.220 0
	贵州	0.118 3	0.123 8	0.128 1	0.135 0	0.154 7	0.167 4	0.190 4
	云南	0.113 0	0.113 0	0.137 9	0.143 4	0.145 4	0.152 3	0.156 9
	陕西	0.113 0	0.113 0	0.199 1	0.297 7	0.252 4	0.229 4	0.231 6
	甘肃	0.113 0	0.122 0	0.122 0	0.152 7	0.140 9	0.140 7	0.143 8
	青海	0.113 0	0.135 7	0.135 7	0.135 7	0.135 7	0.135 7	0.147 0
	宁夏	0.113 0	0.113 0	0.278 3	0.237 2	0.234 0	0.234 0	0.234 0
	新疆	0.113 0	0.113 0	0.144 1	0.134 6	0.148 9	0.180 5	0.180 5
	均值	0.115 5	0.134 4	0.172 8	0.182 8	0.181 2	0.185 1	0.195 5

资料来源：财政部 CPPPC 项目库。

4.2　生态环境治理的现状分析

4.2.1　污水处理

4.2.1.1　污水处理 PPP 模式应用背景

1923 年，我国第一座污水处理厂——上海北区污水处理厂的建立，开启了我国污水处理历史篇章。新中国成立后，我国污水处理行业进入起步阶段，开始自行建设污水处理厂并生产污水处理设备。在计划经济体制下，我国污水处理厂全部由国有事业单位集中管控，运营能力较差、运行人员相对匮乏，且绝大多数污水处理厂只能进行一级处理。20 世纪 80 年代，我国开始大力发展污水处理行业，污水处理领域的政策和法律日趋完善，城市污水处理设施得到了较快的发展，但仍旧依靠财政补贴，不仅运行效率低，而且常年处于亏损状态。21 世纪，污水处理行业国家垄断逐渐放开，开始迈入市场化进程。污水处理领域是最早采用 PPP 模式的领域之一。以外资为代表的水务企业开始进入中国污水处理市场，并参与城市污水厂建设及污水处理项目运营，BOT（建设—运营—移交）污水处理运营模式逐渐兴起。2002年，原建设部发布《关于加快市政公用行业市场化进程的意见》，为我国城市公共服务的市场化改革创造了制度环境。随后，《市政公用事业特许经营管理办法》《关于加强市政公用事业监管的意见》《特许经营协议示范文本》相继出台，为 PPP 模式在这一领域的应用铺平了道路。2014 年，在水污染日益严重、财政支持力度不足和地方政府债务风险加剧的多重背景下，PPP 模式正式进入污水处理领域，并成为行业主流模式。

工业经济的高速发展使我国部分区域水污染变得十分严重。2014 年，全国十大水系近一半受到污染，地表水国控断面中，劣 V 类水质断面比例 9.2%，基本丧失水体使用功能，24.6% 的重点湖泊呈富营养状态，很多流经城镇的河段受到有机物污染，黑臭水体较多，水污染已经严重影响到群众的日常生活，资源的可持续性发展在此背景下受到广泛关注[①]。而我国污水处理及配套系统 80% 采用事业单位或准事业单位运营方式，大多是政府收费，向事业单位拨款，致使管理疏松，处理设施运行率低、出水水质不达标时有发生。PPP 模式引入专营公司负责污水处理厂的运营管理，对提高运行效率、加速环境治理发挥着重要的作用。随着政策的持续发力，我国污水处理 PPP 项目进入了快速发展期，根据我国市场公开成交的 PPP 项目信息以及财政部、国家发展改革委两个项目库信息为基础进行统计发现，截至 2020 年 8 月底，我国市场上共有 2 345 个污水处理 PPP 项目，项目规模达到了 8 368.4 亿元，其中，已公开成交的项目达 1 419 个，项目规模达 5 334.9 亿元[②]。但从我国污水处理 PPP 项目成交趋势来看，尽管污水处理 PPP 项目前期得到了快速发展，尤其是 2017 年政府参与的污水处理项目全部实施 PPP 模式，PPP 数量和规模同年激增，于 2018 年达到顶峰，但在之后几年中，污水处理 PPP 项目成交量逐渐下滑。

4.2.1.2　污水处理现状

　　"十三五"以来，在 PPP 模式加持下，各地不断加大污水处

---

　　① 资料来源：全国人民代表大会常务委员会执法检查组关于检查《中华人民共和国水污染防治法》实施情况的报告——2015 年 8 月 27 日在第十二届全国人民代表大会常务委员会第十六次会议上。

　　② 资料来源：财政部政府和社会资本合作中心项目管理库。

理固定资产投资，污水处理基础设施投资显著增长。据统计，"十三五"期间，全社会累计完成城镇环境基础设施投资共 8 898.1亿元，年均增速 27.7%，投资规模较"十二五"期间增长 93.0%。其中，城镇污水处理设施投资 5 725.2 亿元，占比最高，达到 63.3%，较上一个五年呈显著增长态势①。由图 4 – 9 可以看出，自 2018 年起，污水处理设施的投资额度相比于前两年大幅上涨，相比于 2016 年，2018 年突破千亿元，2020 年更是高达 1 700 亿元。

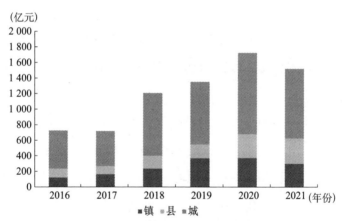

图 4 – 9　全国城镇污水设施固定资产投资额

资料来源：中华人民共和国住房和城乡建设部。

　　在投资催化下，我国污水处理基础设施供给能力稳步提升。全国污水处理处置设施数量和能力快速增长，处理水平显著提

---

　　①　资料来源：《中国环境报》。

高。截至 2021 年底，城镇建成运行污水处理厂 1.81 万座，其中建制镇污水处理厂增长最为显著，较"十三五"开局之年上涨 294.90 个百分点，城市、县城污水处理厂分别上涨 38.65 个百分点、16.66 个百分点。2021 年全国污水处理能力达到 2.77 亿吨/日，整体水平显著提高。城市和县城污水排放情况和处理情况如图 4 – 10、图 4 – 11 所示。

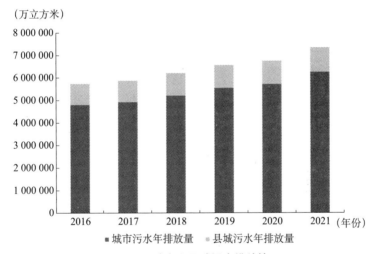

（万立方米）

图 4 – 10　城市和县城污水排放情况

资料来源：中华人民共和国住房和城乡建设部。

污水处理覆盖方面，截至 2021 年，城市污水处理率与县城污水处理率均已达到 96% 以上，其中城市污水处理率于 2018 年提升至 95% 以上，2021 年处理率为 97.89%，县城污水处理率提升进程较快，"十三五"期间年度复合增长率为 1.92%，如图 4 – 12 所示。

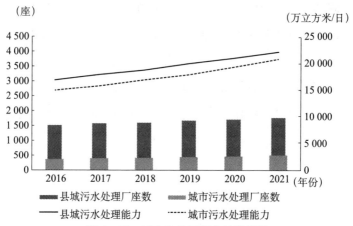

图 4-11 城市和县城污水处理情况

资料来源：中华人民共和国住房和城乡建设部。

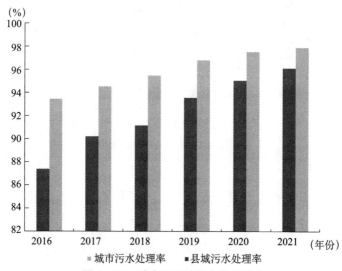

图 4-12 城市和县城污水处理能力

资料来源：中华人民共和国住房和城乡建设部。

综上所述，虽然目前我国污水处理率已经处于较高水平，但污水处理产业城乡发展不平衡，个别省份、村镇污水处理短板明显，如西藏自治区、海南省、黑龙江省污水处理率仍处于较低水平，经济不发达的偏远地区以及行政级别较低的地区依旧是当前污水处理较为短板的地方。2020 年 7 月，国家出台《城镇生活污水处理设施补短板强弱项实施方案》，再次强调有序推广 PPP 模式，引导社会资本积极参与污水处理基础设施建设运营。2022 年 2 月 9 日，国务院办公厅转发国家发展改革委等部门《关于加快推进城镇环境基础设施建设指导意见的通知》，明确污水、垃圾、固体废物、危险废物、医疗废物处理处置领域补短板、强弱项的建设目标和任务，为稳投资提供了有力支撑。根据 2025 年城镇污水处理基础设施建设"十四五"目标，预计在 2025 年，新增和改造污水收集管网 8 万公里，新增污水处理能力 2 000 万立方米/日，新增、改建和扩建再生水生产能力不少于 1 500 万立方米/日，新增污泥无害化处置设施规模 2 万吨/日[①]。通过数据不难看出，污水处理基础设施投资需求依然旺盛，而"十四五"规划对污水处理及资源化设施利用建设提出了更为细化的技术要求，污水处理行业市场化需求有望进一步扩大，PPP 模式仍然是强弱项、稳投资、助增长的重要抓手。

---

① 2022 年 2 月，国家发展改革委、生态环境部、住房城乡建设部、国家卫生健康委发布《关于加快推进城镇环境基础设施建设的指导意见》。

4.2.2 垃圾处理

4.2.2.1 垃圾处理 PPP 模式应用背景

当下我国垃圾处理的方式主要以卫生填埋、高温堆肥和焚烧等简单处理为主，从实际操作和处理效果来看，这些措施和方法并不是最佳的选择。垃圾处理的"三化"程度不高、二次污染严重等问题日益凸显，"生活垃圾处理费收缴率偏低、'垃圾处理'财政性资金支出逐年下降、再生资源回收利用规模较小"等问题突出。同时，城市生活垃圾处理的综合能力和整体水平在各区域、各城市之间也存在着较大的差异，呈现出重点城市的生活垃圾处理整体规划和各项设施建立的整体布局较为成熟；而中小型城市的处理方法简单且水平较低，重点城市的生活垃圾处理项目规划和相关设施建设有着中小城市无法比拟的优势。除此之外，对于城市生活垃圾的处理，之前的政府包干模式已无法满足传统的方式，大部分原因是公、私两部门关注点不一样。公共部门主要以社会和环境的效益为主，而私人部门则更关注收益；再加上公共部门在技术上等投入不到位，也不能带来很好的效果。可见，在政府资金不足、缺乏有效的管理方式、技术不够先进等因素的制约下，城市生活垃圾处理治标不治本，且处理成效极为有限。

从 PPP 模式在国外应用的成功案例可以发现，如若实施得当，PPP 模式会给政府和广大公众更多自主灵活选择的空间，这种自主选择可以促进竞争，而适当的竞争可以带给私人部门更多投资回报率高的公共服务。更重要的是，公、私部门合作的 PPP 模式能够集中民间闲散资本，可以减轻公共财政负担较重的现状，补齐公共资金不足的短板。而且，私人部门效率高、反应速度快，能够以更低的成本和更快的速度满足公众需求，并针对公众需求，提供产品更多元化、种类更丰富、需求更具有个性的服务。在此背景下，持续深入推进城市生活垃圾处理与 PPP 模式创造性地有机结合，成为解决"垃圾围城"难题的最佳选择。目前，PPP 模式已在我国各大中型城市生活垃圾处理中得到越来越多的应用推广，并且成效显著。据财政部统计，2017 年，我国环境保护领域的投资中，PPP 项目数达 631 个，总投资额达 6 502 亿元。政府借助公开、公正、公平等多种渠道进行竞争性的招投标，为项目选择适合的投资方，运作了大量卓有成效的项目案例。例如太原市循环经济环卫产业示范基地生活垃圾焚烧发电 PPP 项目、上海老港垃圾处理四期垃圾处理场项目、北京市延庆区小张家口垃圾综合处理工程 PPP 项目，以及重庆同兴垃圾焚烧发电厂等，均取得了显著成效。因此，将城市生活垃圾处理问题与 PPP 模式创造性地融会贯通，不但有效地解决了项目自身的资金难题，减轻政府在垃圾处理中公共预算经费不足的负担，更是较为成功地处理了当地长期受生活垃圾困扰的现实，实现了垃圾的有效处理。

4.2.2.2　垃圾处理现状

近年来，随着我国经济社会的发展，生活垃圾数量逐渐增多。2016 年，我国 214 个城市收集和运输的城市固体废弃物总量达到 1 8851 万吨①。据经济合作与发展组织（OECD）统计，2016 年我国城市总计生活垃圾产生量达到 2.34 亿吨，与 1996 年相比增长了 88%，而 OECD 欧洲国家城市生活垃圾产生量在 1996~2016 年仅增长了 10%。截至 2016 年底，中国城市生活垃圾总量已基本赶上 OECD 欧洲国家所有城市生活垃圾总量。值得注意的是，生活垃圾资源化处理的难度大且成本高昂，尽管全国整体无害化处理率较高，但相对于逐年攀升的生活垃圾产生量而言，许多城市的生活垃圾处理能力与处理需求不匹配现象较为突出，处理能力的建设还存在明显的区域不平衡性，这成为制约中国城市生活垃圾资源化利用体系建设的现实短板。据相关统计，2018 年，200 个大中城市生活垃圾产生量为 21 147.3 万吨，垃圾生产量排在前十的城市，产生垃圾总量为 6 256 吨，上海市以 984.3 吨的垃圾产生量排在榜首②。即使垃圾得到了清理，后期处理方式也是简单粗暴的填埋、焚烧，这给环境造成二次污染和长期安全隐患，长此以往环境问题日益突出，已经成为制约可持续发展的最大障碍。全世界垃圾量年均增长速度为

---

① 资料来源：生态环境部《2017 年全国大中城市固体废物污染环境防治年报》。
② 资料来源：生态环境部《2018 年全国大中城市固体废物污染环境防治年报》。

8.42%，而中国垃圾增长率达到 10% 以上，2019 年 12 月底，生态环境部更新了全国大中城市固体废物污染环境防治年报。年报数据显示，2019 年全国 200 个大中城市生活垃圾产生量达到 21 147.3 万吨（见表 4 – 6）。我国已经成为全球垃圾治理压力最大的国家之一。

表 4 – 6　　　　2013 ~ 2019 年我国大、中城市生活垃圾产量统计

指标	2013 年	2014 年	2015 年	2016 年	2017 年	2018 年	2019 年
城市数量（个）	261	244	246	214	202	200	196
生活垃圾产生量（万吨）	16 148.8	16 816.1	18 564.0	18 850.5	20 194.4	21 147.3	23 560.2
生活垃圾处置量（万吨）	15 730.7	16 445.2	18 069.5	18 684.4	20 084.3	21 028.9	23 487.2
产生量年增长率（%）	—	4.13	10.39	1.54	7.13	4.12	11.41

资料来源：中华人民共和国生态环境部。

　　生活垃圾的随意堆放或不当填埋等现实情况引发的各项环境污染，以及社会问题日益凸显，引起社会各界的普遍关注。随着城市生活垃圾产生量的持续激增，如何有效规避垃圾处理衍生的风险问题，补齐生活垃圾处理能力与垃圾增长量之间的缺口，已然成为我国城市治理关切的重要议题。2018 年 12 月，国务院办公厅印发《"无废城市"建设试点工作方案》，要求在全国范围内系统性地推进固体废物源头减量和资源化利用工作。其中，生活垃圾减量化和资源化利用水平的全面提升，被列为"无废城市"建设的重点目标，同时也是"十四五"时期"无废城市"

建设的主要任务之一。对此，多年来我国不断提升垃圾处理能力。2021 年，我国城市生活垃圾清运量高达 24 869 万吨，无害化处理场数为 1 407 座，无害化处理总量为 24 839 万吨，无害化处理能力为 1 057 064 吨/日。由图 4 – 13 可以看出，2016 ~ 2021 年，我国城市生活垃圾清运量基本呈上升趋势，仅在 2020 年由于新冠疫情原因出现了短暂的下降。同时，无害化处理能力逐年攀升。

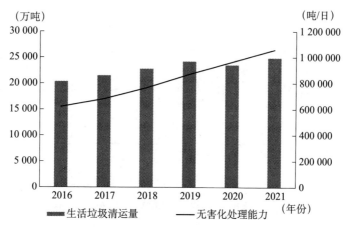

图 4 – 13 全国城市生活垃圾处理情况

资料来源：中华人民共和国住房和城乡建设部。

2021 年，我国县城生活垃圾清运量高达 6 791 万吨，无害化处理场数为 1 441 座，无害化处理总量为 6 687. 44 万吨，无害化处理能力为 338 012 吨/日。从图 4 – 14 中可以看出，2016 ~ 2021 年，我国县城生活垃圾清运量基本呈先上升后下降趋势。生活垃圾无害化处理能力逐年攀升，特别是 2019 ~ 2020 年，实现了迅速增长。

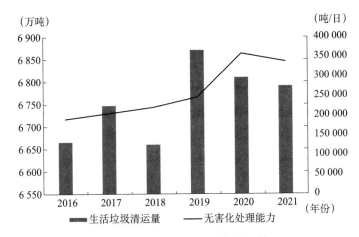

图 4 – 14　全国县城生活垃圾处理情况

资料来源：中华人民共和国住房和城乡建设部。

随着我国经济持续发展，综合国力逐步增强，国家也逐渐将环境保护、垃圾利用等绿色循环理念付诸实际生活。但与其他垃圾处理比较成熟的发达国家相比，我国垃圾处理工作仍然存在一些问题。我国应积极应对这些问题，加大居民宣传教育，实施因地制宜的分类方法；加大各级管理部门的监管力度，实现监管网络一体化；加大科研投入，建设自动化高智能垃圾处理体系。完善生活垃圾分类处理是实现我国健康环境促进行动的重要环节，实现有效的分类处理对我国资源的循环利用、发展绿色经济、建设生态文明社会等具有重要意义。

4.3 环境治理效率的测度与现状问题分析

4.3.1 指标选取与说明

鉴于环保 PPP 项目涉及垃圾处理、污水处理、环境综合治理等领域，因此，难以采用单一环境指标对环境治理效率进行衡量。本书遵循评价指标体系选取原则，并根据前文理论部分对环境治理效率的理解，即在一定的人力和资金投入下，各种污染得到的治理程度，从投入和产出两个方面构建环境治理效率指标体系，以期较为完整科学地衡量环境治理效率。首先，参考张军涛和汤睿（2019）、李奕霖和李智超（2022）的研究，本书选取地方政府节能环保支出以及水利、环境和公共设施管理业就业人员数为投入指标。本书的解释变量环保 PPP 项目主要包括污水处理、垃圾处理以及环境综合治理等领域项目，为与解释变量相匹配，同时参考姜竹等（2022）的研究。本书的产出指标选择污水处理厂集中处理率、生活垃圾无害化处理率、可吸入细颗粒物年平均浓度以及工业废水排放量、工业二氧化硫排放量、工业烟粉尘排放量（见表 4 - 7）。投入及产出指标数据主要来源于《中国城市统计年鉴》《中国环境统计年鉴》以及各省市统计年鉴。

表 4 - 7　　　　　　　环境治理效率投入产出指标

类别	变量名称	单位
投入指标	地方政府节能环保支出	万元
	水利、环境和公共设施管理业就业人员数	人
产出指标	污水处理厂集中处理率	%
	生活垃圾无害化处理率	%
	可吸入细颗粒物年平均浓度	微克/立方米
	工业废水排放量	万吨
	工业二氧化硫排放量	吨
	工业烟粉尘排放量	吨

4.3.2　测度方法与治理效率分析

4.3.2.1　测算方法说明

数据包络分析法（DEA）是一种用于比较多个提供相似服务的决策单元间相对效率的估计方法，常用于环境治理等效率评价领域，因此，本书借助 DEA 模型对环境治理效率进行测算。本书重点关注地方政府在人力、物力以及资金等投入既定的情况下，如何提供更高质量的环境基础设施、提高环境治理能力及水平。基于此，本书参考徐盈之等（2021）的方法，基于规模报酬可变的现实情况，选取产出导向的 DEA-BCC 模型，通过DEAP2.1 软件对 2014～2020 年中国各地市的综合技术效率（TE）、纯技术效率（PTE）以及规模效率（SE）进行测算，而综合技术效率等于纯技术效率与规模效率的乘积，因此，本书选取综合技术效率衡量各地市环境治理效率。另外，DEA 模型对指标的正负性存在一定要求，鉴于本书选择的是以产出为导向的 DEA-BCC 模型，即在投入一定的情况下，产出水平越高越好，其产出指标应该为正向指标，因此，污水处理厂集中处理率以及生活垃圾无害化处理率作为正向指标可以直接放入 DEA 模型，但可吸入细颗粒物年平均浓度、工业废水排放量、工业二氧化硫排放量以及工业烟粉尘排放量为负向指标，对此，本书参考喻开志等（2020）的做法，对负向指标进行取倒数处理将其转化为正向指标后放入 DEA 模型。

4.3.2.2 静态治理效率分析

与分析环保 PPP 项目发展情况处理方法相似，本书通过对同一省份各地市环境治理效率取均值，分析各省份静态环境治理效率，结果见表 4-8。横向来看，2014～2020 年我国各省份环境治理效率整体呈上升状态。就东、中、西部效率均值而言，中部地区环境治理效率提升最为明显，从 2014 年的 0.942 1 提高到 2020 年的 0.993 3，而东部地区由于其本身 2014 年环境治理效率已经达到 0.981 1，处于较高治理水平，因此近年来效率提升较为有限。纵向来看，不同省份环境治理效率仍存在一定差距，部分地区如北京、上海已经处于生产前沿面上，而吉林、重庆、贵州等地环境治理效率仍处于相对较低水平，尚有较大的提升空间。

表4 – 8　　　　2014～2020 年各省份静态环境治理效率情况

地区	省份	2014 年	2015 年	2016 年	2017 年	2018 年	2019 年	2020 年
东部	北京	0.996 0	0.998 0	0.998 0	0.999 0	0.999 0	1.000 0	1.000 0
	天津	1.000 0	0.991 0	0.988 0	0.988 0	0.989 0	0.992 0	0.999 0
	上海	0.950 0	1.000 0	1.000 0	1.000 0	1.000 0	1.000 0	1.000 0
	河北	0.996 1	0.977 6	0.982 6	0.993 8	0.996 5	0.992 1	0.998 8
	辽宁	0.975 6	0.986 1	0.982 9	0.989 1	0.992 1	0.990 3	0.989 4
	江苏	0.960 3	0.985 0	0.993 1	0.989 2	0.998 9	0.999 2	0.998 6
	浙江	0.998 6	0.995 0	0.999 5	1.000 0	1.000 0	1.000 0	0.999 1
	福建	0.973 8	0.986 0	0.981 7	0.988 1	0.998 3	0.998 9	0.999 3
	山东	0.997 9	0.987 3	0.999 0	0.999 8	0.999 4	0.999 0	0.999 1
	广东	0.943 6	0.952 1	0.977 3	0.986 1	0.992 5	0.998 8	0.998 4
	海南	1.000 0	1.000 0	1.000 0	1.000 0	1.000 0	1.000 0	1.000 0
	均值	0.981 1	0.987 1	0.991 1	0.993 9	0.996 9	0.997 3	0.998 3
中部	山西	0.935 6	0.921 0	0.928 5	0.949 1	0.967 5	0.975 8	0.993 1
	吉林	0.897 4	0.918 2	0.932 9	0.932 1	0.955 2	0.962 3	0.975 6
	黑龙江	0.912 4	0.927 4	0.939 7	0.947 0	0.953 8	0.952 3	0.988 8
	安徽	0.960 8	0.960 2	0.974 3	0.996 4	0.998 9	0.993 7	0.998 5
	江西	0.942 1	0.947 0	0.963 0	0.993 1	1.000 0	0.999 9	0.997 7
	湖北	0.971 2	0.922 5	0.980 8	0.990 6	0.997 3	1.000 0	0.998 8
	湖南	0.977 6	0.944 6	0.992 3	0.990 8	0.995 4	0.997 3	0.996 6
	河南	0.939 8	0.941 9	0.968 3	0.979 1	0.955 9	0.996 1	0.997 2
	均值	0.942 1	0.935 4	0.960 0	0.972 3	0.978 0	0.984 7	0.993 3

续表

地区	省份	2014 年	2015 年	2016 年	2017 年	2018 年	2019 年	2020 年
西部	广西	0.960 4	0.973 8	0.972 7	0.994 3	0.994 9	0.998 7	0.998 9
	内蒙古	0.968 9	0.978 8	0.990 7	0.992 1	0.994 3	0.996 3	0.996 1
	重庆	0.992 0	0.988 0	1.000 0	0.994 0	1.000 0	1.000 0	0.976 0
	四川	0.933 6	0.957 6	0.967 4	0.977 1	0.981 3	0.991 7	0.996 0
	贵州	0.890 8	0.927 2	0.949 9	0.930 7	0.963 5	0.957 7	0.969 5
	云南	0.941 0	0.952 3	0.971 6	0.974 0	0.987 3	0.990 3	0.997 7
	陕西	0.954 4	0.961 3	0.958 1	0.971 7	0.981 7	0.980 1	0.991 1
	甘肃	0.899 1	0.918 3	0.961 8	0.961 3	0.997 6	0.996 9	0.998 1
	青海	0.942 0	0.953 0	0.951 0	0.949 0	0.951 0	0.962 0	0.985 0
	宁夏	0.996 7	1.000 0	0.990 0	0.986 0	0.993 3	0.993 7	0.998 3
	新疆	0.924 0	0.958 0	0.963 0	0.931 0	1.000 0	1.000 0	1.000 0
	均值	0.957 7	0.963 6	0.975 3	0.979 1	0.987 8	0.990 5	0.994 5

资料来源:《中国城市统计年鉴》《中国环境统计年鉴》以及各省份统计年鉴,经计算整理得到。

4.3.2.3 动态治理效率分析

鉴于静态效率难以准确反映各地市在不同时期的效率变化趋势,因此,本书在测算静态效率的基础上,沿用静态环境治理效率的投入以及产出指标,进一步运用 DEA-Malmquist 模型对各地市动态环境治理效率指数进行测算,并借助 Malmquist 全要素生产率(TFP)刻画各地市环境治理效率的动态变化情况。若 Malmquist 指数等于 1,说明相较于前一年该年处于生产前沿面;若指数大于或小于 1 则说明该年份生产率较前一年上升或者下

降。如表 4 - 9 所示，Malmquist 指数可以分解为技术效率指数
（effch）和技术进步指数（techch），由于本书基于规模报酬可变
的前提，因此将技术变化指数进一步分解为纯技术变化指数
（sech）以及规模效率指数（tfpch）。从全要素生产率指数来看，
除 2014～2015 年及 2018～2019 年全要素生产率指数小于 1，环
境治理效率有所下降外，其余年份环境治理效率较前一年均上
升。总体来看，我国环境治理效率呈上升趋势，且 2019～2020
年上升最快。进一步从分项指标看，2014～2020 年技术进步指
数以及纯技术效率指数均大于 1，说明 2014 年以来，我国技术不
断进步且技术对生产率的提升起到了明显的促进作用。2014～
2020 年规模效率指数均小于 1，说明生产规模的扩大对生产效率
具有抑制作用，侧面反映出政府扩大投入规模时，可能未实现资
源的有效配置、提高产出水平，导致出现产出松弛问题。

表 4 - 9　　　　2014～2020 年全国环境治理 Malmquist 指数及分解

年份	技术效率 指数（effch）	技术进步 指数（techch）	纯技术效率 指数（pech）	规模效率 指数（sech）	全要素生产率 指数（tfpch）
2014～2015	0.958	1.005	1.006	0.952	0.963
2015～2016	1.009	1.036	1.016	0.994	1.046
2016～2017	0.943	1.076	1.009	0.935	1.014
2017～2018	0.926	1.091	1.009	0.918	1.01
2018～2019	0.708	1.321	1.001	0.707	0.935
2019～2020	0.955	1.199	1.004	0.952	1.145
均值	0.911	1.116	1.007	0.904	1.017

资料来源：《中国城市统计年鉴》《中国环境统计年鉴》以及各省份统计年鉴，
经计算整理得到。

从各省份平均环境治理效率的 Malmquist 指数测算结果看（见表 4 – 10），2014 ~ 2020 年，东部地区北京、辽宁的全要素生产率均大于 1，环境治理效率逐年提升，而天津以及海南环境治理效率变动幅度较大，总体而言，东部地区环境治理效率呈现波动上升趋势；中部地区除黑龙江自 2016 年以来全要素生产率不断下降外，其余省份总体呈波动上升趋势；西部地区自 2015 年以来全要素生产率均值均大于 1，且自 2014 年以来全要素生产率不断提高，说明就整体而言，近年来西部地区的环境治理效率处于持续上升状态。

表 4 – 10　　　　　2014 ~ 2020 年各省份动态环境治理效率情况

地区	省份	2014 ~ 2015年	2015 ~ 2016年	2016 ~ 2017年	2017 ~ 2018年	2018 ~ 2019年	2019 ~ 2020年
东部	北京	1.051 0	1.030 0	1.082 0	1.231 0	1.318 0	1.196 0
	天津	0.860 0	1.005 0	0.853 0	1.418 0	0.448 0	2.172 0
	上海	0.899 0	0.996 0	0.866 0	0.929 0	1.120 0	0.998 0
	河北	0.936 2	1.038 1	0.924 5	1.037 3	1.167 2	1.001 4
	辽宁	1.110 1	1.180 1	1.073 7	1.256 0	1.055 3	1.209 4
	江苏	0.929 7	1.052 5	1.047 5	1.115 5	0.914 7	1.117 1
	浙江	0.956 2	1.091 4	0.975 2	1.032 9	0.865 1	1.369 4
	福建	1.090 2	0.926 2	1.040 3	1.096 3	0.783 6	1.256 2
	山东	0.911 2	1.026 7	0.967 7	0.994 9	1.149 0	1.080 6
	广东	0.998 0	1.086 5	1.040 7	0.979 3	1.067 1	1.251 6
	海南	0.600 0	2.800 5	0.914 5	0.744 0	0.727 5	1.385 0
	均值	0.940 1	1.203 0	0.980 5	1.075 8	0.965 0	1.276 1

续表

地区	省份	2014~2015年	2015~2016年	2016~2017年	2017~2018年	2018~2019年	2019~2020年
中部	山西	0.952 7	0.981 9	0.930 0	1.021 2	1.250 0	1.048 4
	吉林	1.046 5	1.117 9	1.049 5	1.067 8	1.097 5	1.452 1
	黑龙江	1.226 8	1.163 2	0.919 7	0.955 6	0.901 6	0.939 5
	安徽	0.845 9	1.101 3	1.178 3	1.161 2	0.755 8	1.376 9
	江西	0.898 8	1.158 5	0.904 7	1.308 6	1.251 3	1.279 7
	湖北	0.869 7	1.093 0	1.122 3	1.002 3	0.790 8	1.262 7
	湖南	1.086 8	1.054 4	1.238 2	0.918 5	0.805 2	1.107 5
	河南	0.964 0	1.142 6	1.046 7	1.001 8	0.989 7	1.194 4
	均值	0.986 4	1.101 6	1.048 7	1.054 6	0.980 2	1.207 7
西部	广西	1.132 0	0.956 7	1.075 2	0.947 1	0.979 4	1.070 6
	内蒙古	1.035 2	0.955 8	1.086 4	0.876 0	1.704 2	1.181 7
	重庆	0.821 0	1.139 0	0.980 0	0.810 0	1.152 0	1.263 0
	四川	1.123 0	1.001 4	1.058 3	1.153 7	1.079 2	1.129 7
	贵州	0.955 1	0.949 6	0.999 8	1.279 9	1.061 3	1.322 2
	云南	1.091 0	0.949 0	1.298 3	1.365 0	0.985 3	1.658 0
	陕西	0.934 2	1.122 8	0.977 7	1.013 1	0.971 3	1.127 7
	甘肃	1.020 9	1.040 6	1.048 4	1.757 5	0.906 9	1.156 6
	青海	0.876 0	0.978 0	0.904 0	1.001 0	1.550 0	0.987 0
	宁夏	0.833 0	1.014 0	0.972 0	0.990 7	1.054 7	1.190 3
	新疆	0.978 0	1.086 0	1.040 0	0.906 0	0.899 0	1.084 0
	均值	0.981 8	1.017 5	1.040 0	1.100 0	1.122 1	1.197 3

资料来源：《中国城市统计年鉴》《中国环境统计年鉴》以及各省份统计年鉴，经计算整理得到。

4.4 本章小结

2015～2018 年，环保 PPP 模式迅速发展，环保 PPP 项目落地数量出现井喷式增长。但由于 PPP 相关法律体系不健全、政府预算软约束等原因，PPP 模式一度被异化为融资工具，出现一批"明股实债"类 PPP 项目，违背了 PPP 项目的实施初衷。对此，自 2017 年开始，财政部和国家发展改革委开始逐步推动 PPP 模式的规范发展，环保 PPP 项目也从高速发展阶段迈入高质量规范发展阶段。但就目前环保 PPP 项目发展情况来看，我国东、中、西部地区环保 PPP 落地项目数量存在较大差异，各省份环保 PPP 项目落地数量存在明显差异，省际分布不均衡现象较为突出。同时，环保 PPP 模式存在几点不容忽视的问题：一是目前我国尚未就 PPP 形成国家层面的法律体系，对于 PPP 模式的职责分工等仍缺乏法律层面的统一规定，而在规范发展阶段，上位法缺乏将严重限制 PPP 模式的进一步发展。二是由于 PPP 模式发展不断规范和政府财政支出压力加大，环保 PPP 累计落地项目数量增速放缓，在助力污染防治及绿色低碳方面有待进一步发挥优势。三是目前大部分项目仍存在自身造血能力较低、缺乏有效融资渠道、对财政资金依赖度过高等问题，在目前政府财政吃紧的情况下显然难以为继，且在缓解政府财政压力、提高环境治理效率方面能够发挥的作用也较为有限。四是通过分析环保 PPP 落地项目及投资额分布情况可以发现，西部地区环保 PPP 落地项目数量远低于东部及中部地区，在发展政策、要素禀赋以及环境基础设施等方面也远落后于东、中部地区。

面对"粗放式"经济发展带来的环境恶化，我国近年来不断加强生态环境治理，污水处理和垃圾处理是我国环境治理的两个重要方面。污水处理领域是最早采用 PPP 模式的领域之一。2014 年，在水污染日益严重、财政支持力度不足和地方政府债务风险加剧的多重背景下，PPP 模式正式进入污水处理领域，并成为行业主流模式。在 PPP 模式加持下，我国污水处理设施数量和能力快速增长，处理水平显著提高。同时，垃圾处理与 PPP 模式创造性地有机结合，成为解决"垃圾围城"难题的最佳选择。目前，PPP 模式已在我国各大中型城市生活垃圾处理中得到越来越多的应用推广，并且成效显著。但与此同时，我国生态环境治理产业和生态环境治理效率均存在区域发展不平衡和城乡发展不平衡的问题，个别省份、村镇环境治理短板明显，经济不发达的偏远地区以及行政级别较低的地区，依旧是当前环境治理较为短板的地方。对此，污水处理和垃圾处理行业市场化需求有望进一步扩大，PPP 模式仍然是加强生态环境治理能力的重要抓手。

5

第 5 章
环保 PPP 项目落地
规模与污染治理

5.1 理论分析与研究假设

5.1.1 环境类 PPP 项目落地规模对污染治理能力的影响与作用机理

从政府失灵与物有所值理论来看，环境类 PPP 项目的加速落地有利于克服公共部门环境投资的无序低效，市场机制中社会资本能够更为合理地控制机会成本且更加精准地捕捉公众对生态产品的实际需求，从而有效弥补了政府失灵并提升了资源配置效率。从熊彼特创新理论来看，环境类 PPP 项目能够将政府与企业优势要素充分融合，有利于实现治理技术与项目管理模式的双重创新。从委托代理理论来看，项目合作中公共部门能够集中资源，使其更有效地发挥环境监管职能，对合作企业形成强有力的约束、激励与监督，有利于在一定程度上规避传统环境治理模式中存在的"逆向选择""信息操纵"等代理人危机。从内生增长理论来看，环境类 PPP 落地项目铺开为治污能力升级提供了技术、资金、人才与管理经验等多方面支持，为延伸绿色产业链条与环境治理高质量建设积累了发展动力。基于此，本章提出以下假说 H1。

H1：环境类 PPP 项目落地规模的扩大有利于促进环境治理效应，提升污染治理能力。

PPP 模式作为发挥市场机制在资源配置中起决定性作用的工具之一，以产出为导向，相较于传统模式，PPP 模式在成本管理、运营服务质量与及时性方面能够更加有效地规避效率损失问题（Ryzhenkov，2016）。同理，环境类 PPP 项目落地规模的扩大可以从环境公共服务的供给效率与资源利用效率上实现资源配置优化，达到提升污染治理水平的目的。在项目起步阶段，社会资本对成本与风险的承担、利润与回报的实现更为敏感，只有经过竞争选定的社会资本，才能够通过灵活的规划和专业的机构为其节省大量管理成本（马文超和夏烨，2020）。在竞争性市场体系中，合作企业可以运用更加丰富的专业技术与创新管理经验，使项目达到理想的投入产出状态，政府方则通过"按效付费"将社会资本收入与项目质量挂钩，使合作企业为追求自身盈利而有足够的动力不断提高运营质量，提升环境服务效果，尤其是社会满意程度，实现资金使用效率与项目运作效率的共同提升（Park et al.，2018；Cui et al.，2019）。在项目运营阶段，PPP 模式的施行能够优化污染治理的联动能力，相较于过去的"碎片化"治理方式，PPP 模式更能适应环境污染处理多样性与复杂性不断升级的实际情况，治理资源在空间上调配更加均衡，运营能力大幅增强，有效促进了污染治理的整体效益。同时，政府在近年来除新建项目外，还加大了对环境基础设施存量资产引入 PPP 模式的力度（吴亚平，2020）。数据表明，以污染处置设施为例，我国近 1/3 存量项目因资金来源与技术升级陷入困境，处在半运转或闲置状态，造成污染治理资源的极大浪费①。PPP 模式的引入能够有效解决这一资源配置扭曲问题，既有利于盘活环境基础设施存量资产，提升原有项目运营效率，将过剩产能转化为有效供给，又进一步拓宽社会资本的投资渠道，实现政企双赢，促进我国污染治理能力的持续升级。

环境治理作为技术密集型产业，对治理技术与工艺的专业化程度有极高要求。在传统治理体系下，污染处理基础设施囿于政府财力与管理模式，处理设备更新与工艺升级的速度难以适应不断变化的环境治理需求，致使污染处理效率不可持续（Munir and Ameer，2020）。随着环境类 PPP 项目落地规模的不断扩大，环保类社会资本能够充分发挥其核心技术优势，促进污染处理工艺不断升级，同时，有针对性地对焦不同污染现状施用最为合适

---

① 资料来源：《全国城市生态保护与建设规划》（2015—2020 年）。

的治理技术，极大地提升了污染治理效率。此外，随着信息与数字技术在城市建设中的广泛应用，数据资源逐渐成为环境治理运行中不可或缺的关键要素（Biygautane et al. ，2019）。大量环境类 PPP 项目开始运用智慧系统对污染信息实时监测，不仅对污染物排放起到了前端预防作用，其数据共享还有利于政府降低监管成本，提升监管效率，改善传统治理模式中信息不对称的困境，进而有效推动污染治理能力提升。

环境类 PPP 项目落地规模的扩大，还通过优化政府监管职能促进环境治理效益提升。PPP 模式与传统模式相比，政府所发挥的职能作用中出发点和立足点相同，但在具体实施中又存在本质区别。在具体实施过程中，传统模式下政府往往承担直接的基础设施建设和公共服务提供责任，很容易出现既是"裁判员"又是"运动员"的情况，而且政府会更多地倾向于充当"运动员"。而 PPP 模式使得政府可以从繁重的事务中脱身出来，从以往的环境设施建设与环境服务提供者变成监管者，从而保证环境公共服务的提供质量和效率。一方面，在 PPP 模式中，社会资本代替政府成为项目建设与项目运营的主力军，缓解了政府的财政压力，一定程度上解决了政府环境治理资金短缺问题，有效规避了项目资金使用效率低下等状况。另一方面，PPP 模式将政府的发展规划、市场监管、公共服务职能与社会资本的管理效率、技术创新动力有机结合，减少了政府的过度干预，使得有限的财政资金得到充分高效的利用，进而在提升环境治理效率的同时优化了政府职能。

PPP 项目在环境治理领域的广泛落实有利于推进生态建设与环境服务供给侧结构性改革，特别是通过推动绿色产业向规范化高质量方向跨越式发展，实现污染治理能力的有效提升。环境类 PPP 项目落地规模扩大使环保类社会资本更多参与污染治理领域，加之政府对环境类 PPP 项目财政补贴、税收优惠等政策扶持与环境规制引导的强化，生态建设、环境保护行业融资壁垒与准入门槛不断降低，越来越多的优质环保企业在参与 PPP 项目的过程中持续提升核心竞争力，推动环境服务产品供给质量不断优化。同时，环境类 PPP 项目落地过程中深入吸纳数字信息等新兴生产要素，更多数据服务与信息系统研发等技术产业与其有效联动，催生了环境治理领域与科技服务领域的双向协同。诸多传统产业也因看到环境服务行业巨大的发展潜力与参与环境活动为企业带来的经济与社会双重效益，不断加大对该领域的投入力度，有效推进了产业绿色化转型。基于此，本章提出以下假说。

H2：环境类 PPP 项目落地通过促进资源合理配置、增强技术创新投入、优化政府环境监管职能，以及推动绿色产业发展等机制实现污染治理能力提升。

5.1.2 环境类 PPP 项目落地规模影响我国污染治理能力的异质性机理

理论上，扩大环境类 PPP 项目落地规模能够对我国污染治理能力产生积极影响，但这种正向效应会在项目具体落实过程中因合作双方不同因素的综合作用呈现显著异质性。地方政府往往因较大的污染治理绩效压力急于求成，例如，为减少后期监管成本，将多个子项目简单捆绑，忽视本地区污染治理实际与整体绩效实现，既造成了资源的不合理配置，也有违推广 PPP 模式以达到环境公共品供给质量与效率提升的初衷。同时，在社会资本的选择上，一些地方政府仅通过净资产总量衡量竞标企业的综合实力，这对环保专业性强但体量小的企业产生了行业挤出效应。此外，在财政承受能力论证中，某些地方政府为突出政绩，通过承诺政府回购等方式吸引社会资本参与，在自身偿债能力不确定的情况下，提前固化了政府的支出责任，加剧其自身财政支付压力。一方面，政府部门作为 PPP 模式施行的决策者与项目的监督者，其自身治理能力与公共服务效率在项目运营中占有举足轻重的地位，加之生态环境的公共品属性使项目的回报机制多为政府付费与可行性缺口补助，同样需要地方政府财政承受能力与债务风险控制能力的可靠保障（贾康和吴昺兵，2020）。另一方面，环境类 PPP 项目投资数额巨大，回报周期长，对当地的营商环境、市场开放程度以及社会资本的综合实力，尤其是参与能力要求极高（Yang et al.，2020）。因此，本章从环境类 PPP 项目落实中的政府公共服务效率、财政承受能力与社会资本的参与程度展开异质性分析。

政府公共服务能力是影响环境类 PPP 项目污染治理效应的首

要决定因素。公共服务效率高的政府具备良好的契约精神与政策公信力，有能力为社会资本提供优质的基础设施配套服务，减少内部交易成本，分担项目合作风险，更容易获得社会资本的信任（仇娟东等，2020）。尤其是环境类 PPP 项目，投资数额庞大、前期准备工作复杂、参与方众多，需要服务性政府建立高位的协调组织机制做好协同推进工作，以降低项目落地难度。同时，公共服务水平越高的政府，其政策执行能力与法律规制能力越强，对项目的论证与监管也越严格，有利于减少项目合作过程中约定融资不到位、建设或运营质量不达标甚至寻租等现象，有效促进环境类 PPP 项目落地与污染治理效应实现。

PPP 项目落地同样需要经过充分的财政承受能力论证，在地方政府举债被严格约束的背景下，财政风险承受能力强的地方政府更能获得社会资本对其履约能力的信任，从而使自身避免项目中断而导致利润亏损的风险。一方面，政府有足够的能力通过 PPP 模式进行环境治理项目建设，在争取上级政府更多优惠政策的同时，进一步促进本地区环境治理项目运营服务能力的提质增效。另一方面，社会资本在保证自身收益预期的前提下，项目的潜在风险由政府兜底，提升了项目容错率，有利于缩减社会资本因投资风险而存在的额外成本，进而吸引更高效的合作企业参与竞争。

社会资本参与程度也是影响环境类 PPP 项目污染治理效应的关键所在（沈言言和李振，2021）。长期以来，囿于融资渠道匮乏及相关制度规定不健全，私人部门有效参与不足且缺乏竞争成为我国 PPP 项目难以有效落地的主要原因。地方政府通过优化辖区市场环境，降低企业制度性交易成本，吸引优质社会资本集聚，为政府部门提供更为多样化的合作选择，减轻政府方支付压力并促进项目加快落地进程，提升整体运营效率并合理控制项目潜在风险，从而更好地实现污染治理效应。基于此，本章提出以下假说。

H3：当项目得到更高效的政府公共服务、更有力的财政承受能力以及更充分的社会资本的支持时，该地区落地的环境类PPP 项目更有利于释放污染治理效应。

5.2　研究设计

5.2.1　计量模型设定

本章实证研究遵循如下步骤：首先，为验证核心假说 H1，本章分别考察污水收集与处理、垃圾收运与无害化处理以及生态绿化与湿地保护三类环境类 PPP 项目落地规模对城市污染治理能力产生的具体效应，由此构建基准回归模型：

$$Pga_{i,t} = \alpha_0 + \alpha_1 Egl_{i,t}^* + \lambda_1 Controls_{i,t} + \mu_i + \nu_t + \varepsilon_{i,t} \quad (5-1)$$

其中，当被解释变量污染治理能力（Pga）分别为污水集中处理率（Str）、垃圾无害化处理率（Wtr）与空气质量指数（Aqi）时，Egl^* 分别对应污水收集与处理类 PPP 项目（Egl_1）、垃圾收运与无害化处理类 PPP 项目（Egl_2）以及生态绿化与湿地保护类 PPP 项目（Egl_3）落地规模。Controls 为控制变量组，为个体效应和时间效应。

其次，为验证机制假说 H2，即环境类 PPP 项目落地规模通过何种作用机制对污染治理能力产生影响。本章参考巴伦和肯尼（Baron & Kenny，1986）的方法，构建如下中介模型：

$$Rae_{i,t}(Tie_{i,t}, Mag_{i,t}, Gid_{i,t}) = \beta_0 + \beta_1 Egl^*_{i,t} + \lambda_2 Controls_{i,t} + \mu_i + \nu_t + e_{i,t} \quad (5-2)$$

$$Pga_{i,t} = \gamma_0 + \gamma_1 Egl^*_{i,t} + \gamma_2 Rae_{i,t}(Tie_{i,t}, Mag_{i,t}, Gid_{i,t}) + \lambda_3 Controls_{i,t} + \mu_i + \nu_t + u_{i,t} \quad (5-3)$$

其中，式（5-2）考察环境类 PPP 项目落地规模是否对资源配置（Rae）、绿色技术创新（Tie）、职能优化（Mag）以及环境产业发展（Gid）四个机制变量产生影响；式（5-3）将四个机制变量与核心解释变量共同纳入回归方程，判断环境类 PPP 项目落地规模是否通过以上作用机制对污染治理能力产生影响。在 α_1、β_1 显著的情况下，若 γ_1 不显著但 γ_2 显著，说明该变量存在完全中介效应；若 γ_1、γ_2 均显著，则表明至少存在部分中介效应；若 γ_1 显著但 γ_2 不显著，需进一步通过 Sobel 检验证明中介效应是否存在。上述模型中，$e_{i,t}$、$u_{i,t}$、μ_i、ν_t 均为随机误差项。

最后，为验证假说 H3，本章通过政府审批效率（Aef）、财政承受能力（Fis）与社会资本参与程度（Scp）对环境类 PPP 项目落地的污染治理效应展开异质性分析。借鉴沈永建等（2019）的研究，按以上三个指标的中位数将所有样本城市分为高、低两组，在式（5 - 1）的基础上进行分组回归，以此识别其在环境类 PPP 项目落地规模对污染治理能力影响中的具体效应差异。

5.2.2　变量选取与说明

5.2.2.1　被解释变量

城市污染治理能力（Pga）。城市污染按环境要素主要分为大气污染、水体污染与土壤污染等，所呈现的污染形态主要有污水、固体垃圾与废弃物，以及存在于空气中的有害物质。本章参考曾昌礼和李江涛（2018）的研究，从污水集中处理率（Str）、垃圾无害化处理率（Wtr）以及空气质量指数①（Aqi）三个维度进行衡量，污水集中处理率、垃圾无害化处理率的提高与空气质量指数的降低均在一定程度上反映了城市污染治理能力的提升。

5.2.2.2　核心解释变量

环境类 PPP 项目落地规模（Egl^*）。PPP 项目的落地是指 PPP 项目已进入全生命周期五个阶段（识别、准备、采购、执行和移交）中的执行和移交两个阶段。为充分反映 PPP 项目的发起时间与运行周期，本章结合吴义东等（2019）的研究，采用

---

① 样本城市年度空气质量指数由其各月度数据求取均值进行衡量。

地区环境类 PPP 项目落地金额占其环境类 PPP 总投资额的比重来衡量项目当期落地规模。关于环境类 PPP 项目的分类如下：我国环境类 PPP 项目主要涉及污水处理、生态建设和环境保护（包含流域生态景观绿化治理与边坡修复等）、垃圾处理（包含环卫服务和垃圾无害化处理）、海绵城市及供排水等领域，其中，前三类占总数的比重分别为 35%、33% 与 15%[①]，在环境类 PPP 模式的项目结构中占据重要地位。同时，考虑到项目期望产出与被解释变量的匹配度，本章对财政部政府与社会资本合作中心项目管理库中的环境类 PPP 项目，按最终产出是否为污水处理或垃圾处理设施以及生态绿化与湿地保护等进行人工分类，区分为污水收集与处理类 PPP 项目（Egl_1）、垃圾收运与无害化处理类 PPP 项目（Egl_2）以及生态绿化与湿地保护类 PPP 项目（Egl_3）三类，以分别对应污水集中处理率（Str）、垃圾无害化处理率（Wtr）以及空气质量指数（Aqi）三个被解释变量。

5.2.2.3　机制变量

环保资源配置（Rae）。借鉴曹亚军（2019）的研究，本章选择环境治理要素市场扭曲程度作为代理变量，从侧面反映行业要素资源配置是否合理。参考周一成和廖信林（2018）的方法，本章对环境治理要素市场扭曲程度测度如下：当环境治理要素市

[①]　资料来源：依据中国产业信息网、财政部政府与社会资本合作中心管理库数据等公开资料整理所得。

场扭曲程度数值接近 1 时，表示该行业要素越接近合理配置；若环境治理要素市场扭曲程度数值大于 1，甚至趋向更高，表明环境治理要素投入实际所得小于其应得报酬，即环境治理行业资源配置呈现负向扭曲，反之即为正向扭曲，两者均为资源配置效率下降的体现。

绿色技术创新（Tie）。本章参考胡晓珍和杨龙（2011）的研究，选择绿色全要素生产率衡量绿色技术创新效应。具体而言，以城镇单位从业人数、资本存量（通过永续盘存法估算）以及专利授权数分别作为劳动、资本与技术要素的投入指标，以地区生产总值与环境污染综合指数（利用熵值法对各地区工业废水、工业 SO_2、工业烟尘、工业粉尘及工业氮氧化物等污染指标拟合）分别作为期望产出与非期望产出指标。

监管职能优化（Mag）。本章选择政府环境监管能力建设与监管运行保障资金总额占财政环保支出的比例加以衡量，该指标数值越高，表明政府对环境监管的投入力度越大，且结构更加向监管职能倾斜，更利于其优化环境监管职能。本章使用的环境监管能力建设投资与环境监管运行保障资金总额来自《中国环境年鉴》的省级数据，并借鉴戴魁早（2018）的思路，以地级市人口总数占本省人口总数比重为权重，乘以省级指标得到地市一级数据。

环保产业发展（Gid）。本章采用环境行业人均产值衡量城市的环保产业发展效应。同样，借鉴戴魁早（2018）的处理方式获取地市一级数据。

139

5.2.2.4 控制变量

参考已有研究（席鹏辉，2017；石大千等，2018），本章选取人口密度对数值（lnden）、人均地区生产总值对数值（lnpgdp）、城市化率（Rcity）、第三产业占比（Trate）、财政科技支出占财政支出比重（Tec）、财政环保支出占财政支出比重（Env）以及环境基础设施投资额占地区生产总值比重（Infra）等控制变量。考虑到政府官员特征、政策偏好与公众诉求对环境污染治理水平的可能影响，本章对官员任期、政府对环境治理的重视程度、公众环保诉求等变量加以控制。例如，选择市委书记在任时间是否超过 3 年，以此对官员任期进行测度（汪峰等，2020）。关于政府对环境治理重视度与公众环保诉求指标，本章分别通过地方政府工作报告中涉及环保词频的汇总以及地方人大、政协关于环保的建议与提案情况加以量化。各变量具体定义见表 5-1。

表 5-1　　　　　　　　　　变量定义

名称	变量	测度
污染治理能力	Pga	污水集中处理率（Str）
		垃圾无害化处理率（Wtr）
		空气质量指数取对数（lnaqi）
环境类 PPP 项目落地规模	Egl*	污水收集与处理类 PPP 项目每年落地金额占总投资额比重（Egl_1）
		垃圾收运与无害化处理类 PPP 项目每年落地金额占总投资额比重（Egl_2）
		生态绿化与湿地保护类 PPP 项目每年落地金额占总投资额比重（Egl_3）

续表

名称	变量	测度
环保资源配置	Rae	环境治理要素市场扭曲程度
绿色技术创新	Tie	绿色技术效率指数
监管职能优化	Mag	环境监管能力建设投资与环境监管运行保障资金总额之和/环保支出
环保产业发展	lngid	环境行业人均产值取对数
人口密度	lnden	人口总数/行政区域面积,并取对数
经济发展水平	lnpgdp	人均地区生产总值,并取对数
城市化率	Rcity	非农业人口/总人口
产业结构	Trate	地区第三产业产值/地区生产总值
科技投入水平	Tec	财政科技支出/财政支出
环境规制	Env	财政环保支出/财政支出
环境基础设施投资	Infra	环境基础设施投资额/地区生产总值
官员任期	Ote	市委书记截至当年在该职位任期是否超过 3 年,若是为 1,否则为 0
政府对环境治理的重视程度	lniep	地方政府工作报告中关于环保词频的数量,并取对数
公众环保诉讼	lnepp	地方人大与政协关于环保问题的建议与提案数,并取对数

5.2.3　样本选择、资料来源与变量描述性统计

本章的研究样本为我国除直辖市、西藏及港澳台地区外,所有含环境类 PPP 项目的地级市。通过手工收集财政部政府与社会资本合作中心项目管理库市政工程、生态建设和环境保护、能源

与农业等领域中涉及环境治理的 PPP 项目（不包括中央级与省级），根据变量设计进行分类，并匹配项目所在城市的面板数据（2015～2019 年），最终得到 256 个地级市样本（1 280 个观测值）[①]。另外，环境监管职能优化、环境基础设施投资额以及地方人大、政协关于环保的建议与提案情况等变量数据来自《中国环境年鉴》《中国环境统计年鉴》，政府对环境治理重视度的数据来自地方政府年度工作报告，官员任期数据通过各城市年鉴与互联网检索手工整理获得。其余变量数据主要来自《中国城市统计年鉴》、各省市统计年鉴、各地市国民经济和社会发展统计公报（2015～2019 年）以及各省、市政府门户网站与财政、环保等部门网站。其中，对于存在缺失的部分年份变量数据，本书采用平均增长率法与插值法进行补齐。主要变量描述性统计结果见表 5－2。

表 5－2　　　　　　　　　　主要变量描述性统计

变量	样本数	均值	标准差	最小值	最大值
Str	1 270	0.907	0.091	0.300	1
Wtr	1 280	0.957	0.117	0.018	1
lnaqi	1 280	4.328	0.261	3.565	4.989
Egl_1	1 270	0.368	0.400	0	1
Egl_2	1 280	0.278	0.405	0	1

---

① 河源市与成都市污水处理率数据缺失严重，故当因变量为污水处理率（Str）时将两市从样本中剔除。

续表

变量	样本数	均值	标准差	最小值	最大值
Egl_3	1 280	0. 366	0. 415	0	1
Rae	1 280	0. 208	0. 203	0. 005	2. 673
Tie	1 280	1. 009	0. 029	0. 960	1. 060
Mag	1 280	0. 105	0. 160	0. 002	0. 978
lngid	1 280	5. 873	1. 098	2. 530	10. 569

注：限于篇幅，未报告控制变量描述性统计结果，备索。

5. 3　实证分析

5. 3. 1　基准回归分析

考虑到污水集中处理率（Str）与垃圾无害化处理率（Wtr）的取值是介于 0~1 的受限因变量，且具有归并数据的特征，本章采用 Tobit 模型对方程进行估计，但 Tobit 模型存在对分布依赖性较强从而造成估计结果产生偏误的缺陷，因此本章选择 Clad 模型回归，并将结果与 Tobit 模型所得回归结果进行比较，以确保扰动项在不服从正态分布或存在异方差的情况下仍能得到相对稳健的结果。

表 5 - 3 的回归结果表明，我国污水收集与处理类 PPP 项目以及垃圾收运与无害化处理类 PPP 项目落地规模的扩大，显著提升了对应污染物的治理能力，生态绿化与湿地保护类 PPP 项目则

有效降低了空气质量指数，对我国空气质量优化产生促进作用，假说 H1 得以验证。从系数大小来看，环境类 PPP 项目落地进程的加快，对于我国空气污染的抑制效果最佳，对于污水的治理效应次之，对于垃圾无害化处理能力的提升效应最小。蓝天保卫战作为我国污染防治攻坚战的重中之重，一直以来受社会各界高度重视，各级政府通过引导 PPP 模式在该领域持续施力，极大地促进了我国城市绿化覆盖面积，增强了湿地、森林等生态系统对大气环境的修复、调节功能，对空气质量改善产生了较为明显的促进作用；而污水集中处理与垃圾无害化处理对技术更新的依赖性较强，加之技术适用具有一定的时滞性，相应污染治理工艺改造升级的进度与污染治理需求的增长速度难以达到充分匹配，依然存在较大的调整空间。总体而言，近年来我国环境类 PPP 项目在污染治理能力提升上成效初显，各地区通过增强对社会资本的政策扶持力度不断扩大环境类 PPP 项目落地规模，实现了项目运营与资金使用效率的共同提升，为污染防治攻坚提供了有力保障。

表 5 – 3　环境类 PPP 项目落地规模对污染治理能力的回归结果

变量	Str			Wtr			lnaqi
	Tobit (1)	Clad (2)	固定效应 (3)	Tobit (4)	Clad (5)	固定效应 (6)	固定效应 (7)
Egl*	0.043 *** (0.006)	0.026 *** (0.003)	0.041 *** (0.005)	0.014 * (0.008)	0.002 *** (0.001)	0.016 ** (0.008)	– 0.054 *** (0.010)

续表

变量	Str			Wtr			lnaqi
	Tobit	Clad	固定效应	Tobit	Clad	固定效应	固定效应
	(1)	(2)	(3)	(4)	(5)	(6)	(7)
lnden	0.010 ***	0.008 ***	-0.064	0.019 **	0.004 ***	0.005	-0.069
	(0.003)	(0.002)	(0.042)	(0.004)	(0.000)	(0.058)	(0.076)
lnpgdp	0.042 ***	0.050 ***	0.059 ***	0.041 ***	0.007 ***	0.078 ***	0.046
	(0.008)	(0.004)	(0.015)	(0.011)	(0.001)	(0.022)	(0.029)
Rcity	-0.010 ***	-0.072 ***	-0.244 **	-0.003	-0.005 **	0.119	-0.383 *
	(0.031)	(0.015)	(0.105)	(0.042)	(0.003)	(0.150)	(0.198)
Trate	0.171 ***	0.109 ***	0.125 ***	0.105 **	0.005 **	0.131 **	-0.381 ***
	(0.031)	(0.015)	(0.046)	(0.042)	(0.003)	(0.066)	(0.086)
Env	0.571 ***	0.304 ***	0.381 ***	0.088	0.016	0.646 ***	0.033
	(0.132)	(0.054)	(0.121)	(0.176)	(0.010)	(0.173)	(0.225)
Tec	0.163	-0.367 ***	-0.041	0.057	-0.020	-0.199	0.807 **
	(0.170)	(0.086)	(0.203)	(0.228)	(0.015)	(0.290)	(0.379)
Infra	3.237 ***	2.735 ***	0.579	1.816 **	0.208 ***	1.318	3.299 ***
	(0.561)	(0.272)	(0.608)	(0.752)	(0.047)	(0.870)	(1.136)
Ote	0.001	-0.004	-0.002	0.000	0.001	-0.004	0.007
	(0.005)	(0.003)	(0.003)	(0.007)	(0.000)	(0.005)	(0.006)
lniep	-0.025 ***	-0.007 *	-0.011 *	0.032 ***	0.001	0.004	-0.096 ***
	(0.007)	(0.004)	(0.006)	(0.010)	(0.001)	(0.009)	(0.012)
lnepp	-0.003	-0.005 ***	-0.005	-0.005	-0.001 *	-0.006	0.045 ***
	(0.004)	(0.002)	(0.004)	(0.005)	(0.000)	(0.005)	(0.007)
Constant	0.420 ***	0.340 ***	0.498 *	0.236 *	0.895 ***	-0.008	4.797 ***
	(0.092)	(0.045)	(0.259)	(0.124)	(0.008)	(0.360)	(0.474)
Year/City	控制	控制	控制	控制	控制	控制	控制
Obs	1 270	1 270	1 270	1 280	1 280	1 280	1 280
R^2			0.259			0.116	0.307

注：括号内为标准误差，＊、＊＊与＊＊＊分别表示系数在 10%、5% 与 1% 的水平上显著。

控制变量的回归结果显示：（1）经济发展水平在1%的显著性水平上促进了污水集中处理率与垃圾无害化处理率的提升，这表明经济发展程度较高的地区具备较强的环境污染治理能力，反映出我国经过多年的生态环境建设正逐渐步入环境库兹涅茨曲线（EKC）的右半段；与之相对，经济发展水平的提升并不利于空气质量的改善，表明经济活动的扩大仍会带来空气污染进一步恶化。（2）政府环境规制在1%的显著性水平上对污水与垃圾处理能力产生正向效应，体现出在当前环境保护工作中仍需发挥政府坚实有力的主导作用，进一步提升财政环保支出比重尤为关键。（3）产业结构调整显著促进了污水、垃圾与空气污染治理能力的提升，体现出近年来合理引导产业结构向绿色转型升级的工作取得良好的环境治理成效，较好地契合了人口增长所带来的污染治理需求。（4）政府对环境治理的重视，显著提升了空气污染治理能力，表明近年来地方政府对于突出环境问题的有效整治，充分提升了辖区居民对生态环境的满意程度，人大、政协关于环保问题提案与建议数的下降，进一步反映出有关部门对空气污染治理能力的优化富有成效。（5）城市化率与科技投入对空气污染治理分别具有显著的正向影响和抑制作用，反映出坚持走高质量发展的新型城镇化道路的同时，加快提升前端科技投入水平，推进技术进步由"污染型"向"绿色型"转变势在必行。

5.3.2　稳健性检验

5.3.2.1　工具变量法

为克服可能的反向因果问题对基准回归结果的干扰，本章采用滞后一期的环境类 PPP 项目落地规模作为工具变量，并通过两阶段最小二乘法（2SLS）对其进行检验。表 5 - 4 列（1）~ 列（3）的结果表明，环境类 PPP 项目落地规模对污染治理能力回归系数的显著性及符号方向与基准回归结果基本保持一致，上述结果稳健。

表 5 - 4　　　稳健性检验：工具变量法与替换核心解释变量

变量	Str (1)	Wtr (2)	lnaqi (3)	Str (4)	Wtr (5)	lnaqi (6)	Str (7)	Wtr (8)	lnaqi (9)
egl*	0.065*** (0.022)	0.051* (0.028)	- 0.072** (0.023)						
eglr*				0.005** (0.002)	0.020** (0.008)	- 0.057*** (0.010)			
degl*							0.015*** (0.003)	0.015*** (0.005)	- 0.018*** (0.006)
Controls	控制	控制	控制	控制	控制	控制	控制	控制	控制
Year/City	控制	控制	控制	控制	控制	控制	控制	控制	控制
LM	51.777	66.751	90.812						
Wald F	40.292	52.534	73.611						
Obs	1 270	1 280	1 280	1 270	1 280	1 280	1 270	1 280	1 280
R^2	0.137	0.078	0.342	0.217	0.117	0.307	0.229	0.119	0.292

注：限于篇幅，未报告控制变量的回归结果，备索。括号内为标准误差，*、**与***分别表示系数在 10%、5% 与 1% 的水平上显著。

5.3.2.2　替换核心解释变量

第一，采用地区每年环境类 PPP 项目落地数量占其环境类 PPP 项目总数的比重（Eglr*），对项目当期的落地规模进行测度，结果见表 5 - 4 列（4）~列（6）。第二，借鉴席鹏辉等（2017）的处理方式，构建虚拟变量刻画环境类 PPP 项目落地进程（Degl*）。当该地区本年度环境类 PPP 项目落地规模较上一年度增长时，赋值为 1；落地规模减少或没有变化时，赋值为 0，结果见表 5 - 4 列（7）~列（9）。可以发现，在替换核心解释变量后，系数显著性与符号方向并未发生明显变化，即环境类 PPP 项目落地规模扩大能够明显促进污染治理能力的提升。

5.3.2.3　排除相关政策干扰

城市污染治理能力的提升同样得益于中央或上级政府政策调整或增强执行力度，此类政策因素的存在势必对环境类 PPP 项目落地规模的污染治理效应产生一定干扰。本章对 2015~2019 年中央与地方政府施行的环境政策进行筛选，最终选择环境垂直管理体制改革与中央环保督察巡视两项政策作为可能的政策干扰变量，将其纳入基准回归模型（席鹏辉，2017；刘亦文等，2021）。环境垂直管理体制改革与环保督察巡视制度的推行旨在强化落实各级环保部门职能，减弱地方政府出于经济发展目标的晋升激励对环保职能履行的干预，以期全面落实环境保护"党政同责""一岗双责"的主体责任。上述制度安排对近年来各地区环境治理能力的提升起到了显著的促进作用。

表 5-5 的结果显示,将环保垂直管理体制改革(Ver × D)与中央环保督察巡视(Ceps × D)纳入考虑后,污水处理类 PPP 项目落地规模(Egl₁)、垃圾处理类 PPP 项目落地规模(Egl₂)及绿化保护类 PPP 项目落地规模(Egl₃)的系数大小相较于基准回归结果均有所降低,这表明加入政策变量稀释了核心解释变量的部分影响效应。但总体而言,本章的基准回归结果未发生实质性改变。

表 5-5　　　　稳健性检验:排除相关政策干扰

变量	Str (1)	Wtr (2)	lnaqi (3)	Str (4)	Wtr (5)	lnaqi (6)
$Ver \times D$	0.027*** (0.006)	0.007* (0.007)	-0.037** (0.009)			
$Ceps \times D$				0.015** (0.006)	0.015** (0.006)	-0.005 (0.008)
Egl_1	0.034*** (0.007)			0.038*** (0.007)		
Egl_2		0.015* (0.008)			0.014* (0.008)	
Egl_3			-0.047*** (0.010)			-0.053*** (0.010)
Controls	控制	控制	控制	控制	控制	控制
Year/City	控制	控制	控制	控制	控制	控制
Obs	1 270	1 280	1 280	1 270	1 280	1 280
R^2	0.164	0.117	0.320	0.152	0.121	0.307

注:限于篇幅,未报告控制变量的回归结果,备索。括号内为标准误差,*、**与***分别表示系数在10%、5%与1%的水平上显著。

5.3.3 作用机制检验

根据前文论述，推进环境类 PPP 项目落地可能通过提升资源配置效率、驱动技术创新、优化政府环境监管职能，以及推动绿色产业发展等路径释放污染治理的积极效应。为进一步识别上述影响机制是否成立，本章通过式（5-2）与式（5-3）进行检验。

第一阶段，通过式（5-2）分析环境类 PPP 项目落地规模对 4 个机制变量的影响，回归结果见表 5-6。污水收集与处理类 PPP 项目、垃圾收运与无害化处理类 PPP 项目以及生态绿化与湿地保护类 PPP 项目落地规模均在 5% 的显著性水平上促进了环境治理资源配置优化。在优化政府环境监管职能的路径中，污水收集与处理类 PPP 项目及生态绿化与湿地保护类 PPP 项目落地规模在 10% 的显著性水平上对其产生正向影响。而在驱动绿色技术创新与推进环保产业发展的路径中，除污水收集与处理类 PPP 项目对二者产生显著正向效应外，其余两类环境治理类 PPP 项目落地规模均未对其产生明显作用，绿色技术创新与环保产业发展能否作为影响机制有待第二阶段加以识别。

第二阶段，本章将环境类 PPP 项目落地规模与第一阶段检验通过的机制变量一同纳入式（5-3）以分析其影响机制，结果见表 5-6。在环境治理资源配置效率提升路径中，三类环境类 PPP 项目落地规模与资源配置对污染治理能力的回归系数均显著，且在 10% 水平上通过了 Sobel 检验，资源配置效率提升的作用机制成立。在政府环境监管职能优化的路径中，污水处理类 PPP 项目落地规模（Egl_1）以及生态绿化类 PPP 项目落地规模（Egl_3）与机制变量的影响系数均在 10% 水平上显著，进一步进行 Sobel 检验发现中介效应存在，即环境监管职能优化在污水处理类与生态绿化类 PPP 项目落地规模对污水治理与空气质量改善的影响中建立了作用机制。与之相对，政府对于监管能力与运行保障的投入并未对生活垃圾的充分治理产生显著效果，亟须政府部门加快推进环境治理角色转换，将环境监管进一步落到实处。

表 5 – 6 作用机制检验

变量	Str (1)	Tie (2)	Str (3)	Rae (4)	Str (5)	lngid (6)	Str (7)	Mag (8)	Str (9)
Egl_1	0.041*** (0.005)	0.005* (0.003)	0.041*** (0.005)	0.061*** (0.011)	0.038*** (0.005)	0.083** (0.032)	0.041*** (0.005)	0.025** (0.013)	0.040*** (0.005)
Tie			0.058 (0.051)						
Rae					0.063*** (0.015)				
lngid							0.003 (0.005)		
mag									0.026** (0.013)
Obs	1 270	1 270	1 270	1 270	1 270	1 270	1 270	1 270	1 270
R^2	0.259	0.103	0.260	0.097	0.267	0.304	0.260	0.268	0.262
Sobel P			0.348		0.001		0.601		0.066

注：限于篇幅，本章仅报告污水收集与处理类 PPP 项目（Egl_1）的机制检验结果，备索。括号内为标准误差，*、** 与 *** 分别表示系数在 10%、5% 与 1% 的水平上显著。

表5-6列（3）、列（7）的结果显示，虽然三种环境类 PPP 项目落地规模的系数均在5%水平上显著，但绿色技术创新与环保产业发展的系数并不显著，且未能通过 Sobel 检验，作用机制并不成立。原因在于：（1）生态绿化与湿地保护类项目更多通过生态系统自身的调节对空气污染进行治理，对环保技术升级的需求总体较弱；而垃圾与污水处理项目对绿色环境治理技术的应用面仍未完全拓宽，难以充分释放潜在的绿色技术创新效应。（2）环境类 PPP 模式的推广虽然能够吸引更多具备核心竞争力的优质社会资本进入环保产业，且有利于促进新兴科技产业同环境治理产业深度融合，但由于其起步较晚，加之近年来受规范性政策约束，市场回落较快，无法在短时间内形成环保产业的规模化趋势，因而，在目前阶段未能建立作用机制。

综上，环境类 PPP 项目落地主要通过优化环境治理资源配置与政府环境监管职能实现污染治理能力提升。一是资源配置效应作为作用机制更具普遍性，反映了 PPP 模式的本质优势，即通过市场手段对政府治理失灵加以弥补，充分提升环境治理项目运营效率与资金使用效率，缓解治理资源配置扭曲，从而实现环境公共产品供给提质增效，为污染防治攻坚与建设美丽中国助力。二是 PPP 模式引入环境治理领域也使政府部门能够更好地发挥监管者与服务者的功能，使其将财政资金更多投入污染监管能力的建设，实时监测环境类项目产出边界并充分掌握污染治理进度，有利于遏制社会资本方在项目建设运营中可能隐含的道德风险问题。

5.3.4　进一步讨论：异质性分析和优化路径探索

5.3.4.1　异质性分析

基于假说 H3，本章选择各市项目审批效率（Aef）、财政承受能力（Fis）与社会资本参与率（Scp）三个指标，对样本城市分别按三项指标的中位数大小区分为高、低两组，分析何种情况下更有利于发挥环境类 PPP 落地项目的污染治理效应，结果见表 5 – 7 列（1）~ 列（6）。本章借鉴冯净冰等（2020）的研究，使用项目发起到本级政府审核项目财政支出责任所耗费的天数衡量项目推进的审批效率；借鉴蔡显军等（2020）的做法，采用政府付费类和可行性缺口补助类项目总额占 PPP 项目总额之比，衡量政府在环境类 PPP 项目中的财政承受能力；参考郭威和郑子龙（2018）的研究，使用各市项目所披露的社会资本持股比例作为代理变量，并以项目投资金额为权重进行加权平均处理。表 5 – 7 结果显示，在具备较高政府审批效率、较强财政承受能力以及社会资本参与较充分的地区，环境类 PPP 项目的污染治理效应更为显著，假说 H3 得以验证。

首先，城市的项目审批效率越高，环境类 PPP 项目落地的污染治理效应越强。政府的治理能力和行政效率是影响项目实践的

表 5 - 7　异质性检验结果与优化路径

变量	Str		Wtr		lnaqi		Str	Wtr	lnaqi
	(1) 低	(2) 高	(3) 低	(4) 高	(5) 低	(6) 高	(7)	(8)	(9)
Panel A: 根据项目审批效率分组									
Egl*	0.038***	0.041***	0.003	0.027**	-0.046***	-0.063***	0.055***	0.073***	-0.072***
	(0.030)	(0.007)	(0.008)	(0.010)	(0.012)	(0.014)	(0.013)	(0.012)	(0.018)
Gov							0.002	0.006***	-0.002
							(0.001)	(0.002)	(0.003)
Egl* × Gov							-0.002	-0.007***	0.002
							(0.001)	(0.002)	(0.003)
Controls	控制	控制	控制	控制	控制	控制	控制	控制	控制
Year/City	控制	控制	控制	控制	控制	控制	控制	控制	控制
Chi² 检验	0.650		0.810		0.440				
Obs.	635	635	640	640	640	640	1 270	1 280	1 280
R²	0.289	0.255	0.158	0.161	0.386	0.249	0.260	0.127	0.310
Panel B: 根据财政承受能力分组									
Egl*	0032***	0.054***	-0.007	0.037***	-0.044***	-0.067***	0.051***	0.029**	-0.044***
	(0.017)	(0.006)	(0.009)	(0.009)	(0.012)	(0.014)	(0.014)	(0.008)	(0.013)
Spm							0.013**	0.029***	-0.029***
							(0.015)	(0.002)	(0.009)
Egl* × Spm							-0.018*	-0.019	-0.004
							(0.009)	(0.013)	(0.018)

续表

变量	Str		Wtr		lnaqi		Str	Wtr	lnaqi
	(1) 低	(2) 高	(3) 低	(4) 高	(5) 低	(6) 高	(7)	(8)	(9)
Controls	控制	控制	控制	控制	控制	控制	控制	控制	控制
Year/City	控制	控制	控制	控制	控制	控制	控制	控制	控制
Chi² 检验	0.930		1.340		2.690*				
Obs	635	635	640	640	640	640	1 270	1 280	1 280
R^2	0.284	0.264	0.096	0.178	0.330	0.299	0.264	0.134	0.317
Panel C：根据社会资本参与程度分组									
Egl*	0.033***	0.051***	0.003	0.032***	−0.048***	−0.070***	0.070***	0.060**	−0.083***
	(0.022)	(0.006)	(0.009)	(0.010)	(0.012)	(0.013)	(0.015)	(0.012)	(0.019)
Ftr							0.000***	0.001***	−0.000
							(0.000)	(0.000)	(0.000)
Egl* × Ftr							−0.001***	−0.001***	0.001
							(0.000)	(0.000)	(0.000)
Controls	控制	控制	控制	控制	控制	控制	控制	控制	控制
Year/City	控制	控制	控制	控制	控制	控制	控制	控制	控制
Chi² 检验	0.410		0.680		0.973				
Obs	635	635	640	640	640	640	1 270	1 280	1 280
R^2	0.331	0.243	0.085	0.178	0.363	0.301	0.267	0.126	0.311

注：括号内为标准误差，*、**与***分别表示系数在10%、5%与1%的水平上显著。

重要因素，直接关系着环境公共服务的供给质量。高效率的公共部门能够在对项目前期程序进行简化优化的同时，兼顾对评估评价工作的严格把控，更精准地筛选优质的社会资本，合理地规避项目风险，为项目后期开展运行奠定良好的基础，有利于项目现实效果的充分发挥。

其次，城市的 PPP 项目财政承受能力越强，环境类 PPP 项目落地的污染治理效应越强。面对绿色政绩的考核与公众越来越强烈的环境服务需求，强大的财政承受能力是缓解政府压力的可靠力量，在提升区域污染治理能力和治理效率方面发挥着重要的作用。一方面，政府的财政承受能力越强，所考虑的价格因素相对较小，越能缩短项目的谈判时间，进而越容易与社会资本早日达成合作，推进环保项目早日落实。另一方面，城市的 PPP 项目财政承受能力越强，地方政府越能兼顾短期投资与长期规划，推动各项资源的合理配置，提高环境服务效率。在此基础上，地方政府提供财政支持或相关配套政策的意愿也更强烈，从而吸引更多优质社会资本参与到公共服务中来，充分发挥环境类 PPP 项目的污染治理效应。

最后，城市的社会资本参与程度越高，环境类 PPP 项目落地的污染治理效应越强。环保 PPP 项目需要投入大量的资金，且由于项目周期一般较长，短期内难以实现资金回流，对参与其中的社会资本的融资能力要求较高。如果社会资本的参与程度低，市场环境缺乏活跃性，投融资渠道狭窄，对项目极易形成融资阻碍，导致环境治理领域缺乏资金，限制污染治理技术与环境基础设施发展水平；如果社会资本的参与程度高，市场环境富有活跃性，可以为本地 PPP 项目提供更为多元的投融资路径，缓解环境治理领域的资金缺口，有效提升污染治理技术与环境基础设施发展水平。因此，对于社会资本参与率较高的地区而言，环境类 PPP 项目落地更有利于发挥其污染治理效应。

5.3.4.2　优化路径分析

政府作为 PPP 项目的发起者与最终责任人，对项目的介入程度、自身的治理能力与行为选择，以及能否最大化提升环境类 PPP 项目质量并增进公共服务供给效率起着决定性作用（Hueskes et al.，2017）。异质性检验发现，项目审批效率、项目财政承受能力以及吸引社会资本参与能力更佳的城市更能够充分释放污染治理效应。本章试图根据这一结论从政府视角探究环境类 PPP 项目落地促进污染治理能力的优化路径。

本章分别从厘清政府作用边界、提升 PPP 项目规范化管理的重视程度以及财政透明度等方面，探讨环境类 PPP 落地项目对于污染治理效应的优化路径。在式（5 - 4）中，本章通过引入政府相对规模（Gov）、是否强化 PPP 项目规范化管理（Spm）、财政透明度（Ftr）及其与环境类 PPP 项目落地规模的交互项，并观察交互项系数 η_2 的符号及显著性，判断三种因素是否促进了落地项目污染治理效应进一步优化。

$$Pga = \eta_0 + \eta_1 Egl^*_{i,t} + \eta_2 Gov_{i,t}\ (Spm_{i,t},\ Ftr_{i,t})\ \times Egl^*_{i,t}$$
$$+ \eta_3 Gov_{i,t}\ (Spm_{i,t},\ Ftr_{i,t})\ + \lambda_4 Controls_{i,t}$$
$$+ \mu_i + \nu_t + \nu_{i,t} \qquad\qquad (5-4)$$

本章借鉴梅建明和罗惠月（2019）的方法，采用政府一般公共服务支出与公共管理、社会保障和社会组织从业人数之比衡量政府相对规模。关于是否强化PPP项目规范化管理，本章通过财政部政府与社会资本合作中心、地方政府以及各省市财政部门网站，确定该地区是否出台了规范PPP项目发展的政策文件与通知公告，若是，赋值为1，否则为0。地级市财政透明度数据来自清华大学公共管理学院公布的《中国市级政府财政透明度研究报告》。

关于政府相对规模，表5-7的Panel A中列（7）～列（9）结果显示，在引入政府相对规模与环境类PPP项目落地规模交互项后，其对垃圾处理落地项目的污染治理效应产生了明显的阻碍，且对污水处理与生态绿化项目的污染治理效应无显著促进作用，进一步说明项目实施过程中厘清政府作用边界的重要性。

关于政府对PPP项目规范化管理的重视程度，表5-7的Panel B中列（7）～列（9）的结果显示，控制PPP规范化发展这一变量后，该变量显著提升了环境类PPP落地项目的污染治理能力。但引入该变量与环境类PPP项目落地规模的交互项后，PPP项目规范化管理并未对三类环境类PPP项目的治污效应释放正向影响，甚至产生了削弱作用。原因在于，当前地方政府多以临时的规范性文件对 PPP 模式发展进行约束，法律层级较低，缺乏一套完整立体的政策性法规与之配套；加之具体落实时，各级财政部门难以全面有效地对项目准备阶段工作加以监管，"两评一案"工作在一定程度上失去了"安全阀"作用，造成一批环境治理类项目在实际操作中缺乏合规性，从而在后期运营中存在效率损失、缺乏可持续性与模式错配等问题，特别是环境类 PPP 项目以政府付费为主要回报机制，缺乏规范管理，极有可能加剧财政中长期支出压力，长期抑制污染治理能力可持续提升。

关于财政透明度，表 5 – 7 的 Panel C 中列（7）～列（9）的结果显示，该变量同样未能对环境类 PPP 落地项目的污染治理效应产生正向促进作用。已有研究发现，财政透明度在多数情况下与公共服务效率存在"U"型关系（许安拓和张弛，2021）。在本级政府财政透明度提高的初期，其受到来自上级政府与社会资本更为全面的双重监督约束，虽有利于规范其预算行为，但也缩小了双方的寻租空间，并减弱了合作企业投机性参与动机，使财政信息公开产生的边际收益小于边际成本。随着财政信息公开工作的进一步改善，良好的财政信息透明度将逐渐对优质社会资本产生吸引并促使其与政府部门积极合作，进而到达"U"型曲线右半段。环境类 PPP 项目入库的前期论证、中期采购、运营维护、预算管理与信息公开等方面的规范性程度提升，将在未来有效促进环境类 PPP 项目更充分地发挥污染治理效应。

5.4 本章小结

在环境治理市场化改革浪潮中，政府与社会资本合作模式能否成为环境污染治理能力提升的合理选择，是决策者与学者关注的焦点。本章基于 2015～2019 年我国 256 个地市面板数据，利用 Clad 模型与固定效应模型检验了环境类 PPP 项目落地规模对污染治理能力的影响，并从作用机制、异质性与提升路径等视角进行了深入分析。研究发现，扩大环境类 PPP 项目落地规模能够显著促进我国的城市污染治理效应，其中，对于空气质量的改善效果最为明显，对污水集中处理率的提升作用次之，对垃圾无害化处理率的正向效应最弱。作用机制检验发现，环境类 PPP 项目落地主要通过提升资源配置效率、优化政府环境监管职能两条路径提升污染治理能力，提升资源配置效率这一路径的作用更为普遍，监管职能优化机制主要体现在对污水与空气污染治理上，而通过环保产业发展与驱动绿色技术创新以促进污染治理的路径目前仍不明显。异质性检验发现，项目审批效率越高、财政承受能力越强、社会资本参与越充分的城市，越有利于释放环境类 PPP 项目落地所产生的污染治理效应。进一步研究环境类 PPP 落地项目污染治理效应的提升路径发现，当前亟须厘清地方政府在 PPP

模式中的作用边界，强化对 PPP 项目的规范化约束，并逐渐完善 PPP 项目财政信息公开，方能持续发挥环境类 PPP 项目落地的污染治理效应。

结合上述结论，本章提出以下五点建议。

第一，充分发挥环境类 PPP 项目污染治理效应，加快推进项目落地，补强垃圾无害化处理等环境基础设施发展的短板领域，进一步释放环境类 PPP 落地项目提升资源配置效率的积极效应，优化环境类社会资本市场环境，为其精准配套财政、税收及土地等相关优惠政策，不断促进其污染治理的最终产出能力。

第二，优化政府污染治理监管职能，加强环境监测技术投入力度。政府职能部门应加大环境污染监管惩罚力度，优化监管程序，提高行政执法人员的专业素养。同时，也要提高财政环保资金使用效率，发挥财政资金引导专业性机构参与环保类 PPP 项目的积极作用，利用好现代信息技术，实现数字智能化平台监管。

第三，不断提升政府治理能力与公共服务效率，优化项目审批流程，厘清政府作用边界，同时严格把关社会资本的进入渠道，完善市场监督机制。

第四，强化环境类 PPP 项目规范化发展约束力度，充分衡量地方财政承受能力，严格杜绝盲目投融资行为，正确引导 PPP 模式发挥拓宽多元融资渠道、缓解财政压力的优势，加快法律层面顶层设计，为环境类 PPP 项目阳光运行提供制度保障。

第五，落实完善环境类 PPP 项目全生命周期的财政信息公开制度。通过数字化平台建设应用、优化财政信息公开制度等，适时公开各地区环保类 PPP 项目财政资金使用情况，严格落实财政资金使用主体责任，进而减少 PPP 项目实施风险，让 PPP 项目在阳光下运行。

6

第6章
环保 PPP 项目
与环境治理效率

6.1 理论分析与研究假设

6.1.1 环保 PPP 项目对环境治理效率的影响

从政府失灵理论看，环保 PPP 项目的实施对象是环境公共基础设施和服务，实际受益者和使用者都是社会公众。相较于传统政府治理模式，市场化运作的企业更加了解社会公众的实际需求以及金融市场的运作规则，更能作出满足供需平衡的决策，有效弥补政府失灵并促进资源高效配置（杜焱强等，2020）。且环保项目具有合作时间长、项目风险大等特点，其高效运作需要更加专业的背景，而政府部门作为一个宏观管理部门，在环境治理方面缺乏专业性和技能性，将 PPP 模式引入环保领域，政府和社会资本共同合作，可以在一定程度上减少信息不对称导致的逆向选择，节约信息交换和收集的成本，降低项目交易费用。同时，在环保 PPP 项目中，政府从项目的实施者转变为监管者，有利于政府进一步发挥监督职能，从宏观上把握项目的运行效果，对合作企业形成强有力约束及激励（Villani et al.，2017）。另外，环保 PPP 项目主要通过公开招标等方式确定社会资本方，有别于以往由政府进行单一供给的模式；PPP 模式将市场竞争机制引入公共基础设施和服务领域，这种通过竞争机制选择最具实力的社会资本方的方式，有助于政府挑选出具有丰富管理经验、先进绿色技术以及完备人才队伍的优质社会资本方，为后续项目建设及运营阶段提供资金、技术、人才以及管理经验等多方面支持，充分地将政府和社会资本在公共基础设施建设和运营中的优势相结合，促进环境污染治理的提质增效（Sambrani，2014；王先甲等，2021），并且在这种竞争环境中，企业也更有动力不断提高自身实力使自己更具竞争性，这也促使企业通过不断更新技术等手段降低项目成本，提高项目收益。最后，由于 PPP 模式将环保项目的建设、运营以及维护等阶段捆绑打包，相比建设与运营分离的传统治理模式，PPP 模式有效地将政府采购行为化零为整，不仅降低项目各环节之间的交易成本，而且内在激励机制以及企业自身的逐利特质促使环保企业出于自身利益最大化等目的，更加注重项目全生命周期绩效，避免重建设、轻运营的情况发生（姚东旻和邓涵，2017）。且在目前按绩效购买服务的情况下，社会资本存在为提高管理运营效率而降低生命周期成本的动机（梅建明和罗惠月，2019）。据此，本章提出以下假设。

H1：环保 PPP 项目对环境治理效率存在正向促进影响。

6.1.2　环保 PPP 项目对环境治理效率的异质性机理

6.1.2.1　外部环境差异下环保 PPP 项目对环境治理效率的影响效应

理论上，随着 PPP 模式的发展不断规范，环保 PPP 项目对于我国环境治理效率的提升产生了积极影响，但这种影响可能会因为其他因素呈现出显著的异质性。从外部环境因素来看，首先，目前环保 PPP 项目最常见的采购方式仍是公开招标，即通过政府公开进行招标，由符合条件的社会资本进行竞标的方式挑选最合适的社会资本来负责 PPP 项目的建设与运营。由于环保 PPP 项目具有合作时间长、合作风险高等特点，对于负责项目的社会资本方也具有较高的要求。而市场化程度对社会资本参与环保 PPP 项目具有重要影响。市场化程度越高，对社会资本的吸引力也就越强，愿意且有能力参与环保 PPP 项目的社会资本方也就更多，而参加竞标的社会资本方越多，政府也就能从中选择出资金实力更强、管理水平更高的社会资本方。优质的合作方不仅能为项目后续持续运营等各方面提供更多的保证，更能利用其先进的技术、完善的管理体制、充足的经验以及全面的人才队伍促进 PPP 项目的提质增效，从而提高环境治理效率。但市场化较高的地区，市场竞争也更加激烈，激烈的市场竞争能够刺激社会资本节约项目成本，提供更高质量的环境基础设施与服务，进而提升环境治理效率（吴义东等，2019；李毅等，2022）。另外，就社会资本而言，地区市场化程度较高能够有效减少项目的制度交易成本，增强社会资本对政府的投资信心以及参与环保 PPP 项目的动力。同时，较高的市场化程度也为项目后期的运营提供了更多保障（沈言言等，2020）。而市场化程度较低的地区，市场中的优质社会资本相对较少，存在部分企业为获得短期利益未充分考虑自身实力盲目承包项目，对项目后期运营效率造成不利影响。

其次，不同环境规制强度下环保 PPP 项目对环境治理效率的影响也可能存在异质性。根据"波特假说"，合适的环境规制会激励社会资本增加创新技术投资，有利于实现经济效益和环境效益的双赢（Porter et al.，1995；逯进，2020）。环境规制是目前各国应对环境污染的主要制度手段之一，一般而言，环境规制包括命令控制型环境规制、市场激励型环境规制以及公众参与型环境规制三类。其中，命令控制型是指由政府直接制定相关政策对企业污染进行规制；市场激励型是指通过市场化手段，如生态补偿等影响企业决策；公众参与型是指由公众通过举报、投诉等手段自愿参与环境保护及相关行动进而约束企业污染排放行为。一方面，相较于环境规制较弱的地区，环境规制较强的地区对污染物排放标准以及环境治理成效等方面具有更高的要求（余泳泽等，2020）。这种高标准、严要求将倒逼参与环保 PPP 项目的企业通过创新技术、加强管理等手段提高项目实施成效。另一方面，适度的环境规制在一定程度可以提高企业环境治理的积极性，促进企业进行绿色技术创新和环境治理等活动，有利于提高环境治理效率（Gao et al.，2022；Li et al.，2022）。基于以上分析，本章提出以下假设。

H2a：环保 PPP 项目在不同市场化程度以及环境规制强度下，对环境治理效率的促进作用具有异质性。

6.1.2.2　内部因素差异下环保 PPP 项目对环境治理效率的影响效应

相较于传统的政府采购项目，环保 PPP 项目将项目建设、运营等全过程均交由同一社会资本方负责，使环保 PPP 项目具有合作周期长的特性，项目的合作时间通常在 10～40 年，这种长周期特性虽然使项目前期协商谈判的过程更加复杂，但能够有效避免传统模式中由于项目二次采购所增加的交易费用。而对于环保 PPP 项目中不同合作期限项目，一方面，合作周期短的项目所面临的投融资风险以及政府信用风险较低，项目落地的可能性更大，且由于短期项目所需要的前期准备也更少，因此项目落地到真正进入运营阶段所需的时间也更短，所以此类环保 PPP 项目能够更快地发挥环境保护作用，降低当期污染物水平，从而提高环境治理效率（李凤等，2021）。另一方面，对于合作周期较短的项目，合作完成后政府仍可能需要重新选定社会资本负责下一阶段的任务，从而导致后期各项交易成本增加。而合作期限较长的 PPP 项目通常在项目实施后期流程更加精简，相较于短期 PPP 项目，合作期限较长的 PPP 项目能够更为有效地降低项目全周期交易成本、稳定项目运营。但长期合作项目的投资规模也相对较大，项目从落地到真正发挥作用所需的准备时间更长，如前文理论中的分析，不同于传统的政府购买项目，PPP 项目具有建设和运营阶段捆绑的特性。因此，对于合作周期较长的环保 PPP 项目，企业更倾向在项目前期的建设运营阶段中投入更多的成本以提高项目质量，从而降低项目中后期运营阶段各项的投入，达到降低项目全生命周期成本、提高项目全生命周期效益的目的（杜焱强等，2020）。因此，从短期看，合作周期更短、见效更快的环保 PPP 项目对环境治理效率的提升效应可能更明显，但从长远来看，合作周期长的环保 PPP 项目更有利于环境治理效率的提高。

另外，PPP 项目的回报机制对项目的实施成效也具有重要影响。目前，环保 PPP 项目的回报机制分为使用者付费、可行性缺口补助以及政府付费三类。PPP 模式为社会资本参与环境等公共基础设施的供给提供了途径，但社会资本参与环保 PPP 项目具有盈利的预期，而回报机制则决定了社会资本参与环保 PPP 项目的收益来源。政府付费类项目一般由财政直接付费，这种回报机制虽然降低了社会资本方的投资风险，提高了社会资本参与环保 PPP 项目的积极性，但由于这些项目的费用完全由政府承担，因此，项目风险以及成本更多地由政府进行兜底（梅建明和绍鹏程，2022）。目前，PPP 模式还存在缺乏专门的立法保障、项目实施绩效评价指标仍有待完善等问题，在此背景下，企业的逐利性使得企业存在降低项目实施要求以增加企业项目收益的激励，导致项目实施成效难以达到预期，且由于政府付费类项目仍是由政府财政支出项目所需费用，因此，对于减少政府在环境领域的各项投入起的作用较为有限（李凤等，2021）。而使用者付费以及可行性缺口补助项目，项目的收益以使用者付费为主，仅不足部分由政府给予补助，有效减少了政府在环境治理领域的支出，且由于此类项目存在直接的使用者，因此，使用者在为项目付费的同时也对项目的实施成效提出了严格要求。同时，由于与自身利益切实相关，这些使用者也会加大对项目各环节的监督，更能发挥群众监督作用。而社会资本出于满足使用者的要求以顺利获得回报、提高企业形象等目的，也会更加注重项目的实施成效。由此，本章提出假设。

H2b：环保 PPP 项目在不同项目合作期限以及回报机制下，对环境治理效率的影响具有异质性。

6.1.3 环保 PPP 项目对环境治理效率的作用机制

PPP 模式的应用，将市场规则、市场价格以及市场竞争引入环保领域，打破了以往由政府部门提供公共基础设施与服务的垄断局面，实现政府、市场和社会的良性互动以及功能互补，进一步推动政府转型和市场机制的完善（鲍曙光，2022）。首先，目前政府主要通过公开招标的方式选择社会资本负责环保项目的建

169

设及运营等全过程，在这种竞争性机制下，管理经验丰富、技术手段成熟以及资金实力雄厚的优质社会资本在获取中标资格上更具优势，而这些优质社会资本中标后也能将其在技术、人才以及管理经验等方面的优势运用到环境治理领域，与传统政府购买模式相比，能够以更低的成本提供更高质量的环境公共基础设施及服务，有效减少政府在节能环保方面的支出，提高供给效率（王先甲等，2021）。其次，环保 PPP 项目中除政府付费项目外，还存在一定的使用者付费和可行性缺口补助类项目，这些项目主要由使用者支付项目所产生的成本及合理收益，不足部分才由政府补足，将部分环保支出转移给使用者，一方面这能够直接减少政府相关节能环保支出，另一方面让使用者付费可以推广"污染者付费"理念，在从源头减少污染的同时加大公众对环保 PPP 项目实施效果的监督，提高项目实施成效。且对于政府付费项目，近年来我国"按效付费"方式不断完善，政府主要通过项目实施成效向社会资本方支付费用，使得社会资本的收入与项目运行绩效直接挂钩，提高政府节能环保支出效率（梅建明和罗惠月，2019）。

在传统模式中，由政府负责环保项目的实施、管理等过程，而环保领域对专业化的程度要求较高，政府作为一个宏观管理部门，在环境保护具体项目实施上的专业程度较为欠缺。在 PPP 模式中，项目的建设及运营等全过程都交由社会资本方负责，政府部门则负责项目的宏观监管及绩效评价等，实现从"实施者"

到"监督者"的转化。与政府部门相比，社会资本对成本与风险的承担及利润与回报的实现更为敏感，也更加了解公众的实际需求。这种角色的转变不仅使政府能够减少从前由于专业程度不足等原因导致的非预期支出，还能更有效地对环保项目建设与运行进行监管，从而在减少支出的同时降低项目风险、提高项目的效率（梅建明和罗惠月，2019）。最后，传统项目中建设与运营等阶段交由不同的企业负责，在项目不同阶段均需要进行反复谈判选取不同负责方，严重影响项目的落地时间和实施成本；而环保 PPP 项目具有将项目建设、运营和维护阶段捆绑打包的特性，政府只需一次进行一次采购即可确定负责项目全过程的社会资本方，这简化了项目流程、降低了项目相关交易费用（姚东旻等，2017）。综上所述，PPP 模式在环保领域的应用可以减少政府在环保领域的支出，降低政府环保支出压力、提高政府支出效率，进而提高环境治理效率。

作为技术密集型产业，环保产业对污染治理技术与工艺的专业化程度具有非常高的要求。在政府直接提供环境基础设施与服务的传统治理模式下，一方面，由于缺少竞争，政府缺乏更新处理设备及处理工艺的内在动力；另一方面，政府部门作为一个宏观管理部门，在环境治理方面缺乏专业性和技能性，无法有效进行技术创新，这些都使得传统的政府单一供给模式难以满足日益增长的环境治理需求，导致环境治理效率较低（秦颖等，2018；Munir and Ameer，2020）。环保 PPP 项目则能够有效激励社会资本进行绿色技术创新，进而提高环境治理效率。首先，环保 PPP 项目通过竞争机制确定社会资本，作为绿色发展的重要载体，环保 PPP 项目对于最终处理及排放的产物具有非常高的标准。在此情况下，社会资本要想在竞争中取得优势，就要不断提升自身污染治理技术和工艺，进行绿色技术创新，进而提高核心竞争力；同时，在项目运营过程中，环保 PPP 项目对于产出的高标准严要求也会倒逼社会资本运用先进绿色技术和处理工艺进行环境治理，以达到预期的排放标准及治理目标，从而提高环境治理效率（石磊，2022）。其次，在环保 PPP 项目中政府由项目的直接运营者转变为监管者，能够更为有效地对环保 PPP 项目实施效果进行管理及监督。目前，政府遵守项目考核与项目产出相挂钩、项目付费与项目考核结果相挂钩的原则，根据环保 PPP 项目绩效评价结果对项目安排相应的支出。对此，社会资本为取得预期回报，实现自身利益最大化，具有加大绿色技术创新投入、创新处理技术及工艺的激励，促使环保 PPP 项目达到更为理想的投入产出状态，进一步提高了环境治理效率（Park et al.，2018；Cui et al.，2019；逯进等，2020）。最后，由于环保项目具有合作周期长、投入大、风险高的特点，对社会资本融资能力要求较高，而环保 PPP 项目兼具民生及政府的双重属性，参与环保 PPP 项目有利于提升社会资本的企业形象，有助于企业获取银行等金融机构的融资支持，从而缓解企业融资约束，增加企业的现金流，激励企业进行绿色技术创新（王染等，2022）。基于此，本章提出以下假设。

H3：环保 PPP 项目通过缓解政府环保支出压力、促进企业绿色技术创新提升环境治理效率。

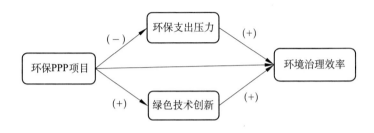

图 6-1 环保 PPP 项目对环境治理效率作用机制

6.2 研究设计

6.2.1 计量模型设定

本书于 6.1.1 提出的假设 H1 认为，环保 PPP 项目对环境治理效率具有正向促进影响。由于环境治理效率取值在 0~1，且对于投入产出达到综合有效的决策单元，综合技术效率的取值均为 1，具有明显的归并特征，因此，本书通过构建受限因变量面板 Tobit 模型对假设 H1 进行验证。具体模型设定如下：

$$\text{effi}_{it} = \begin{cases} 0, & \text{effi}_{it} \leq 0 \\ w_{it}, & \text{effi}_{it} > 0 \end{cases}$$

$$\text{effi}_{it} = \alpha_0 + \alpha_1 \text{ppp}_{it} + \sum_j \alpha_j X_{it}^j + \varepsilon_{it} \qquad (6-1)$$

其中，effi 是被解释变量，表示环境治理效率；ppp 是核心解释变量，代表环保 PPP 项目；X_{it} 代表其他控制变量的集合；ε_{it} 为随机误差项，i 为城市，t 为年份。

其次，为进一步研究环保 PPP 项目对环境治理效率的影响机制，本书通过构建双向固定效应模型对假设 3 展开检验，参考江艇（2022）的操作建议，首先验证环保 PPP 项目对机制变量，即绿色技术创新和政府在环保领域支出压力的影响，然后再通过文献及理论论述机制变量对环境治理效率的影响，具体模型设定如下：

$$\text{patent}_{it} = \beta_0 + \beta_1 \text{ppp}_{it} + \sum_j \beta_j X_{it}^j + \mu_i + \delta_t + \varepsilon_{it} \qquad (6-2)$$

$$\text{stre}_{it} = \gamma_0 + \gamma_1 \text{ppp}_{it} + \sum_j \gamma_j X_{it}^j + \mu_i + \delta_t + \varepsilon_{it} \qquad (6-3)$$

其中，patent 和 stre 是机制变量，分别表示绿色技术创新和政府在环保领域的支出压力；μ_i 与 δ_t 分别控制城市固定效应与时间固定效应；ppp 是核心解释变量，代表环保 PPP 项目；X_{it} 代表其他控制变量的集合；ε_{it} 为随机误差项，i 为城市，t 为年份。

6.2.2 变量选取与数据说明

6.2.2.1 被解释变量：环境治理效率

本书参考徐盈之（2021）等学者的方法，从投入和产出两个方面基于 DEA－BCC 模型，通过 DEAP2.1 软件对 2014～2020 年中国各地市的综合技术效率进行测算，以衡量各地市环境治理效率，具体投入产出指标以及测算的方式和结果在本书第 3 章中已经进行详细阐述。

6.2.2.2 核心解释变量：环保 PPP 项目

不同于以往的研究中通常用单一指标对 PPP 项目进行衡量，本书通过参考财政部 CPPPC 中心中 PPP 相关发展报告，并结合梅建明和绍鹏程（2022）以及李凤等（2021）的研究方法，通过构建环保 PPP 项目综合指标体系代替 PPP 落地率等单一指标，采用熵权法对环保 PPP 项目综合指标赋权。具体指标选取及权重已在本书第 3 章中进行详细阐述。

6.2.2.3 机制变量

环保支出压力（stre）：现有研究多从宏观角度对政府整体财政支出压力进行衡量，而本书的研究对象环保 PPP 项目主要是影响政府环保方面的财政支出压力。鉴于此，本书参考刘华珂等（2021）的研究，将地方政府节能环保支出占地区生产总值的比例作为地方政府环保支出压力的代理变量。

绿色技术创新（patent）：已有研究主要采用两种方法衡量绿色技术创新：绿色全要素生产率法和指标法。考虑到绿色全要素生产率与本书的被解释变量即环境治理效率可能存在投入产出指标上的重叠，因此，参考宋德勇等（2021）的研究，采用实际每万人绿色专利申请数衡量绿色技术创新。

6.2.2.4　控制变量

为了防止遗漏变量问题的出现，避免其他因素对环境治理效率的影响，保证研究结果的可靠性，本书结合现有研究成果，综合考虑研究目的，将地区经济发展水平（pgdp）、人口密度（den）、产业结构（ind）、对外开放程度（open）、官员特征（offi）以及政府对环境治理的重视程度（atta）作为控制变量。其中，采用地区人均生产总值来衡量地区经济发展水平；利用常住人口数量与城市行政区划面积的比值来衡量人口密度；利用第二产业生产总值占地区生产总值的比重来表示产业结构，一般而言，产业结构能够通过改变生产资料及要素配置进而影响环境治理效率；采用地区外商直接投资总额占地区生产总值比重来衡量对外开放程度，对外开放程度越高的地区通常能够吸引更多的外商进行直接投资，但外商投资可能会提高该地区污染物排放水平；根据官员任期是否大于 3 年衡量官员特征，通常当官员的任期较长时，晋升竞争产生的激励效果也更强，官员一般更有动力提高环境治理效率；最后，通过地方政府工作报告中的环保词频衡量政府对环境治理的重视程度，通常地方政府对于环境污染治理的重视程度越高，环境治理效率可能越高。

各变量名称与含义见表 6 - 1。

表 6 – 1　　　　　　　　　　各变量名称与含义

变量类型	变量名称	变量符号	变量测度
被解释 变量	环境治理效率	effi	以地方政府节能环保支出以及水利、环境和公共设施管理业就业人员数为投入变量，以污水处理厂集中处理率、生活垃圾无害化处理率、可吸入细颗粒物年平均浓度以及工业废水排放量、工业二氧化硫排放量、工业烟粉尘排放量为产出变量，利用 DEA 模型测算得出
核心解释 变量	环保 PPP 项目	ppp	采用熵权法通过综合指标得出
机制变量	环保支出压力	stre	地方政府节能环保支出/地区生产总值
	绿色技术创新	patent	每万人绿色专利申请数
控制变量	地区经济发展水平	pgdp	人均地区生产总值，并取对数
	人口密度	den	常住人口数量/城市行政区划面积
	产业结构	ind	地区第二产业生产总值/地区生产总值
	对外开放程度	open	地区外商直接投资总额/地区生产总值
	官员特征	offi	虚拟变量，地方市委数据任期满 3 年取值为 1，未满三年取值为 0
	地方政府重视程度	atta	地方政府工作报告环保词频

6.2.3　样本选择、资料来源与变量描述性统计

本书解释变量环保 PPP 项目数据主要通过手工整理的方式，基于财政部 CPPPC 项目管理库，通过筛选出项目库中截至 2020 年底前已经落地的环保 PPP 项目作为本书研究对象，并对项目的相关指标信息进行整理统计。同时，由于本书研究主体为地级市政府，故不考虑中央本级和省本级的环保 PPP 项目，另外囿于数

据可得性，剔除西藏地区、各自治州以及三沙、儋州、毕节等数据难以获取的地区样本，最后将环保 PPP 项目信息与项目所在地市宏观面板数据进行匹配，最终得到 2014～2020 年 278 个地市的平衡面板数据。被解释变量环境治理效率由投入产出指标代入 DEAP2.1 软件中计算得出，其投入产出指标数据主要来自《中国城市统计年鉴》《中国环境统计年鉴》、各省市统计年鉴以及各地市《国民经济和社会发展统计公报》，部分缺失数据通过手动查找以及线性插值法进行补齐，控制变量地区经济发展水平、人口密度、产业结构、对外开放程度主要来自 2015～2021 年各省市统计年鉴以及《中国城市统计年鉴》，官员特征数据来自国泰安 CSMAR 数据库，地方政府重视程度来自各地市地方政府工作报告。同时，本书对数值较大的指标进行对数化处理，各变量描述性统计见表 6-2。

表 6-2　　　　　　　　各变量描述性统计

变量名称	变量符号	样本数	均值	标准差	最小值	最大值
环境治理效率	effi	1 946	0.977	0.048	0.58	1
环保 PPP 项目	ppp	1 946	0.186	0.093	0.051	0.488
地区经济发展水平	lnpgdp	1 946	10.817	0.517	9.432	12.843
人口密度	lnden	1 946	3.746	0.263	2.368	4.325
地方政府重视程度	atta	1 946	0.004	0.001	0	0.012
官员特征	offi	1 946	0.353	0.478	0	1
产业结构	lnind	1 946	5.766	0.959	1.744	9.071
对外开放程度	open	1 946	0.002	0.003	0	0.03

6.3　环保 PPP 项目对环境治理效率的影响效应

6.3.1　准回归分析

本书的因变量即环境治理效率取值在 0 ~ 1 之间，且具有明显的归并特征，因此，本书采用受限因变量 Tobit 模型进行回归分析。鉴于固定效应 Tobit 模型难以找到个体异质性的充分统计量，无法进行条件最大似然估计（陈强，2014），因此本书选择随机效应面板 Tobit 模型。另外，为了避免变量间多重共线性对模型分析的干扰，本书首先对变量的共线性进行检验，结果显示各变量方差膨胀因子（VIF）均值为 1.13，远低于 10，说明各变量间不存在明显的多重共线性。但为进一步消除多重共线性可能对回归结果造成的影响，本书采用逐步回归的方式逐个加入控制变量，回归结果见表 6 - 3。随着控制变量的加入，环保 PPP 项目对环境治理效率的影响在 5% 的显著性水平下始终为正，说明环保 PPP 项目对环境治理效率确实存在明显的正向促进影响，假设 H1 得证。

就各控制变量而言，地区经济发展水平在 1% 的显著性水平下为正，说明地区经济发展水平有利于提高环境治理效率，地区经济发展水平较高的地区对环境的要求相对较高，且其掌握的技术更加先进，也将助力环境治理效率的提升。产业结构在 1% 的显著性水平下为负，产业结构主要通过改变生产资料和要素配置影响环境治理效率，产业结构较高即第二产业占比较高，所产生的环境污染物也相对较高，需要更多的环境基础设施以及环境治理投入，这在一定程度上造成环境治理效率的降低。官员特征对环境治理效率的影响为负但并不显著，一方面，任期较长的官员存在提高当地环境质量以获得政治晋升的激励，另一方面，任期较长的官员也可能存在为获取晋升，未充分考虑当地实际情况以及项目实施环境、经济水平以及社会综合效益等情况，盲目进行投资，导致未能有效提升当地环境治理效率。而政府对环境治理的重视程度在 5% 的显著性水平下为正，说明地方政府对于环境治理的重视程度越高，环境治理效率也就越高。人口密度也在 5% 的显著性水平下为正，说明人口密度并未降低环境治理效率，相反对环境治理效率具有正向促进作用，这可能是因为人口密度较高的地区一般具有良好的实施环境治理项目的外部条件，能够更好地发挥项目成效。另外，对外开放程度在 1% 的显著性水平下为负，说明对外开放程度确实对环境治理效率存在抑制效应，对外开放程度高的地区能够吸引更多的外商进行投资，但这些外商投资企业多以工业等高污染、高排放企业为主，虽然会提高当地经济水平，但同时也造成该地区污染物排放水平上升，使该地区沦为污染天堂，降低当地的环境治理效率。

表 6 - 3　　　　　　　　　　基准回归结果

变量	effi (1)	effi (2)	effi (3)	effi (4)	effi (5)	effi (6)	effi (7)
环保 PPP 项目（ppp）	0.127 3 *** (0.023 3)	0.071 8 ** (0.022 3)	0.054 9 ** (0.021 8)	0.053 3 ** (0.021 9)	0.052 8 ** (0.021 9)	0.050 7 ** (0.021 9)	0.045 0 ** (0.021 9)
地区经济发展水平（lnpgdp）		0.066 1 *** (0.005 6)	0.068 3 *** (0.005 5)	0.068 5 *** (0.005 5)	0.070 0 *** (0.005 6)	0.067 1 *** (0.005 8)	0.068 9 *** (0.005 8)
产业结构（lnind）			- 0.056 6 *** (0.009 0)	- 0.057 1 *** (0.009 0)	- 0.059 0 *** (0.009 1)	- 0.062 0 *** (0.009 1)	- 0.057 8 *** (0.009 2)
官员特征（offi）				- 0.003 3 (0.003 3)	- 0.003 3 (0.003 3)	- 0.003 1 (0.003 3)	- 0.002 9 (0.003 2)
地方政府重视程度（atta）					2.931 7 ** (1.264 1)	3.073 3 ** (1.263 9)	3.488 6 ** (1.267 4)
人口密度（lnden）						0.007 7 ** (0.003 6)	0.009 8 ** (0.003 6)
对外开放程度（open）							- 2.997 7 *** (0.834 2)
常数项	0.988 9 *** (0.005 6)	0.283 2 *** (0.060 3)	0.473 9 *** (0.065 9)	0.475 1 *** (0.065 9)	0.455 6 *** (0.066 9)	0.453 9 *** (0.066 7)	0.412 7 *** (0.067 7)
sigma_u	0.053 2 *** (0.003 1)	0.047 8 *** (0.002 9)	0.048 0 *** (0.002 8)	0.048 1 *** (0.002 8)	0.048 7 *** (0.002 9)	0.048 1 *** (0.002 8)	0.048 2 *** (0.002 8)
sigma_e	0.058 0 *** (0.001 5)	0.055 1 *** (0.001 4)	0.053 5 *** (0.001 4)	0.053 5 *** (0.001 4)	0.053 4 *** (0.001 4)	0.053 4 *** (0.001 4)	0.053 1 *** (0.001 4)
样本数	1 946	1 946	1 946	1 946	1 946	1 946	1 946

注：括号内为系数的标准误差，＊、＊＊、＊＊＊分别表示结果在 10%、5% 与 1% 的水平上显著。表格中报告的是边际效应。

181

6.3.2 稳健性检验

6.3.2.1 更换被解释变量衡量方式

为验证回归结果的稳健性,本书选取现有文献通常采用的 PPP 项目落地规模替代综合评价指标体系测度结果对回归进行检验,并对落地规模进行对数化处理,结果见表 6 - 4 的第(1)列。与基准回归结果相比,环保 PPP 项目对环境治理效率影响的符号和显著性均未发生明显变化,说明基准回归结果相对稳健。

6.3.2.2 添加控制变量

为避免遗漏变量对模型回归结果造成误差,本书进一步加入常住人口城镇化率以及地方财政透明度作为控制变量。一方面,人口城镇化率越高,城镇人口数量也就越多,产生的环境污染物等也随之增多,不利于环境治理效率的提高。另一方面,城镇化水平的提高可以促进技术、劳动力等要素的聚集,优化资源配置,有利于环境治理。另外,财政透明度较高,一定程度上可以减少信息不对称,增强社会资本投资信心,进而提高环境治理效率。回归结果见表 6 - 4 的第(2)列,在增加控制变量后,结果依然稳健。

6.3.2.3 去除直辖市数据

与其他地市相比,直辖市的经济发展水平、环境治理水平以及政策优势等方面也与其他地市存在较大差异。因此,为保证回

归结果的稳健性，本书对北京、天津、重庆以及上海四个直辖市
数据进行剔除，再次进行回归检验，结果见表 6 - 4 的第（3）列。
可以看出，去除直辖市后，环保 PPP 对环境治理效率仍存在显著
正向影响，与基准回归结果一致。

表 6 - 4　　　　　　　　　稳健性检验结果

变量	effi (1)	effi (2)	effi (3)
环保 PPP 项目落地规模（lnppp）	0.002 8 ** (0.001 2)	—	—
环保 PPP 项目（ppp）	—	0.043 5 ** (0.022 2)	0.048 7 ** (0.022 2)
地区经济发展水平（lnpgdp）	0.036 4 *** (0.005 0)	0.065 9 *** (0.008 3)	0.070 5 *** (0.005 8)
产业结构（lnind）	− 0.021 8 ** (0.008 3)	− 0.055 6 *** (0.010 4)	− 0.062 2 *** (0.009 4)
官员特征（offi）	− 0.000 4 (0.003 1)	− 0.003 3 (0.003 3)	− 0.002 9 (0.003 3)
地方政府重视程度（atta）	1.368 2 (1.147 1)	3.727 2 ** (1.283 5)	3.828 2 ** (1.279 6)
人口密度（lnden）	0.004 6 (0.002 8)	0.010 5 ** (0.003 8)	0.011 7 ** (0.003 7)
对外开放程度（open）	− 1.673 0 ** (0.735 7)	− 2.841 4 ** (0.864 1)	− 2.974 4 *** (0.865 2)
城镇化率（lnurban）	—	0.000 5 (0.019 7)	—
财政透明度（tran）	—	0.000 2 ** (0.000 1)	—
常数项	0.634 6 *** (0.054 1)	0.421 9 *** (0.072 8)	0.400 9 *** (0.068 3)

续表

变量	effi (1)	effi (2)	effi (3)
sigma_u	0.030 9 *** (0.002 2)	0.047 5 *** (0.002 8)	0.048 0 *** (0.002 8)
sigma_e	0.039 9 *** (0.001 3)	0.053 3 *** (0.001 4)	0.053 4 *** (0.001 4)
样本数	1 946	1 946	1 918

注：括号内为系数的标准误差，＊、＊＊、＊＊＊分别表示结果在 10%、5% 与 1% 的水平上显著。表格中报告的是边际效应。

6.3.2.4 内生性检验

本书进一步考虑到内生性问题，为解决环保 PPP 项目与环境治理效率之间可能存在的反向因果，即环境治理效率较高的地区更有可能通过 PPP 模式提供环境基础设施而导致模型存在内生性。参照陈强（2014）的方法，采用 IV-Tobit 模型处理样本内生性问题，在工具变量的选取上，本书参考梅建明和绍鹏程（2022）的方法，选取核心解释变量即环保 PPP 项目的滞后一期作为工具变量。一方面，滞后一期的环保 PPP 项目与当期环保 PPP 项目具有很强的关联性，可以通过当期环保 PPP 项目对环境治理效率产生影响，而当期环境治理效率对前一期的环保 PPP 项目则没有任何影响。另一方面，选取滞后一期的核心解释变量作为工具变量，满足了工具变量选取的相关性以及外生性条件，能够有效解决可能存在的方向因果问题。

IV-Tobit 模型回归结果见表 6-5 的第（1）列，Wald 检验的结果表明，可以拒绝"α＝0"的原假设，即认为存在内生变量。然后进行两步法估计，第一步回归结果如第（2）列所示，第（2）列中工具变量系数显著为正，且整个方程的 F 值为271.21，远大于 10，故工具变量不存在"弱工具变量"问题，说明本书的工具变量选取较为合理。第二步回归结果如第（3）列所示，与 IV-Tobit 估计结果一致。因此，第（2）列、第（3）列的弱工具变量检验与 Wald 外生性检验结果表明，IV-Tobit 模型有效解决了模型的内生性问题，从模型回归结果可以看出，环保 PPP 对环境治理效率仍然存在显著的正向影响，证明在通过构造工具变量缓解内生性问题后，本书的研究结论仍然成立。

表 6 – 5　　　　　　　　　　　内生性检验结果

变量	effi （1）	effi （2）	effi （3）
环保 PPP 项目（ppp）	0.074 3** （0.028 4）	—	0.074 3** （0.028 4）
滞后一期工具变量 （L. ppp）	—	0.700 6*** （0.016 8）	—
地区经济发展水平 （lnpgdp）	0.046 1*** （0.004 2）	0.005 5 （0.003 5）	0.046 1*** （0.004 2）
产业结构（lnind）	− 0.027 6*** （0.007 3）	0.015 9** （0.006 3）	− 0.027 6*** （0.007 3）
官员特征（offi）	0.000 8 （0.003 8）	0.002 3 （0.003 3）	0.000 8 （0.003 8）
地方政府重视程度 （atta）	− 0.482 5 （1.232 4）	0.356 1 （1.086 8）	− 0.482 5 （1.232 5）
人口密度（lnden）	0.010 2*** （0.002 2）	0.002 2 （0.001 9）	0.010 2*** （0.002 2）
对外开放程度（open）	− 1.334 5* （0.721 6）	− 0.208 6 （0.639 9）	− 1.334 5* （0.721 6）

变量	effi （1）	effi （2）	effi （3）
常数项	0. 547 1 *** （0. 044 7）	− 0. 066 3 *** （0. 037 7）	0. 547 1 *** （0. 044 7）
Wald 检验	6. 09 ［0. 013 6］	—	6. 09 ［0. 013 6］
F 统计量	—	271. 21	—
样本数	1 668	1 668	1 668

注：括号内为系数的标准误差，方括号内为 Wald 检验的 P 值，＊、＊＊、＊＊＊ 分别表示结果在 10%、5% 与 1% 的水平上显著。表格中报告的是边际效应。

6.3.3 异质性分析

6.3.3.1 环境规制异质性

为验证不同环境规制强度下环保 PPP 项目对环境治理效率的异质性影响，本书参考曹婧等（2022）的分类标准，选择具有典型的中央环境规制政策，即两控区政策对各地市环境规制强度进行衡量，按各地市是否处于两控区对环境规制进行区分，认为属于两控区的地市环境规制较强，而不属于两控区地市环境规制较弱。回归结果见表 6 - 6 的第（1）列、第（2）列，环境规制较强的地区环保 PPP 项目对环境治理效率仍具有显著正向影响，而环境规制较弱的地区环保 PPP 项目对环境治理效率影响的方向虽然为正，但影响并不显著。这说明不同的环境规制水平下，环保 PPP 项目对环境治理效率的影响确实存在异质性。

表6-6　　　　　　　环境规制与市场化程度异质性分析

变量	（1） 环境规制弱	（2） 环境规制强	（3） 市场化程度低	（4） 市场化程度高
环保 PPP 项目 （ppp）	0.023 2 （0.033 5）	0.059 2 ** （0.028 2）	0.011 9 （0.028 8）	0.066 7 ** （0.031 1）
地区经济发展水平 （lnpgdp）	0.083 8 *** （0.009 1）	0.059 7 *** （0.007 6）	0.079 7 *** （0.008 2）	0.051 4 *** （0.007 3）
产业结构 （lnind）	-0.062 4 *** （0.012 2）	-0.057 1 *** （0.014 3）	-0.072 3 *** （0.013 0）	-0.035 6 *** （0.012 3）
官员特征 （offi）	0.002 7 （0.004 7）	-0.007 9 * （0.004 5）	-0.001 5 （0.004 5）	-0.002 1 （0.004 6）
地方政府重视程度 （atta）	4.167 9 ** （1.770 6）	3.119 8 * （1.811 4）	3.779 2 ** （1.729 7）	2.244 0 （1.750 2）
人口密度 （lnden）	0.014 7 ** （0.005 4）	0.007 0 （0.005 3）	0.010 9 ** （0.005 0）	0.010 1 ** （0.004 2）
对外开放程度 （open）	-1.844 1 （1.174 6）	-3.823 5 ** （1.186 1）	-3.596 2 ** （1.123 5）	-1.269 2 （1.112 4）
常数项	0.245 6 ** （0.102 9）	0.526 1 *** （0.097 6）	0.352 4 *** （0.098 0）	0.511 8 *** （0.080 5）
sigma_u	0.052 5 *** （0.004 3）	0.042 9 *** （0.003 7）	0.061 2 *** （0.004 5）	0.038 7 *** （0.003 0）
sigma_e	0.053 7 *** （0.001 9）	0.051 9 *** （0.001 9）	0.049 2 *** （0.001 9）	0.051 9 *** （0.002 0）
样本量	903	1 043	973	973

注：括号内为系数的标准误差，＊、＊＊、＊＊＊分别表示结果在10%、5% 与1% 的水平上显著。表格中报告的是边际效应。

6.3.3.2　市场化程度异质性

为验证不同市场化程度下，环保 PPP 项目对环境治理效率是否存在异质性影响，本书以樊纲市场化指数为依据，以各地市平均市场化水平为标准，将样本分为市场化程度较高以及较低两组，进一步对不同市场化水平下环保 PPP 项目对环境治理效率的异质性影响进行分析，结果见表 6 – 6 的第（3）列、第（4）列。可以看出，市场化程度较高的地区环保 PPP 项目对环境治理效率具有显著的正向影响，而市场化程度较低的地区环保 PPP 项目对环境治理效率具有不显著的正向影响。说明不同的市场化程度下，环保 PPP 项目对环境治理效率的影响同样具有异质性，假设 H2a 得证。

6.3.3.3 合作期限异质性

为分析不同合作期限的环保 PPP 项目对环境治理效率的异质性影响，本书以第 3 章中 2 456 个环保 PPP 项目的平均合作期限 22.669 年为基础，取整数值 23 年为临界值，将环保 PPP 项目划分为合作期限长与合作期限短两组，并分别进行分组回归，回归结果见表 6 – 7 的第（1）列、第（2）列。可以发现合作期限较短的环保 PPP 项目对环境治理效率仍然有显著的正向影响，但对于合作期限较长的环保 PPP 项目而言，其对环境治理效率的影响不显著，且影响方向为负。结合第 2 章理论分析内容，本书认为其主要原因在于，合作期限较短的 PPP 项目由于前期准备时间短，能够更快地发挥 PPP 项目的优势，从而提高环境治理效率；合作期限较长的 PPP 项目，根据本书分类标准，合作周期均在 23 年以上，一方面，项目真正发挥作用所需的准备时间更长，另一方面，对于合作周期较长的环保 PPP 项目，企业更倾向在项目前期的建设运营阶段中投入更多的成本以提高项目质量，从而降低项目中后期运营阶段的各项投入，因此导致在项目前期人力、物力以及资金等方面的投入更多。对于合作期限长的环保 PPP 项目,由于项目准备时间长、前期投入多等综合原因,使得项目实施前期未能提高环境治理效率甚至导致环境治理效率短期内的降低,但这并不能说明合作时间长的环保 PPP 项目不利于环境治理效率的提高。鉴于我国从 2014 年才开始大力推行 PPP 模式,环保 PPP 项目于 2017 年及 2018 年开始出现大规模落地,环保 PPP 项目运营的时间仍相对较短。囿于数据可得性,本书的研究样本仅截至 2020 年,大多数 PPP 项目落地不足 3 年,时间跨度较为有限,因此,难以准确分析合作周期较长环保 PPP 项目对环境治理效率的影响,有待进一步研究。

表6-7 合作期限与回报机制异质性分析

变量	(1) 合作期限长	(2) 合作期限短	(3) 偏向非政府付费	(4) 偏向政府付费
环保 PPP 项目 (ppp)	-0.022 7 (0.029 4)	0.077 0 ** (0.036 8)	0.044 2 ** (0.022 5)	0.001 8 (0.026 2)
地区经济发展水平 (lnpgdp)	0.040 6 *** (0.007 1)	0.072 9 *** (0.007 5)	0.059 4 *** (0.005 9)	0.034 0 *** (0.004 8)
产业结构 (lnind)	-0.027 3 ** (0.011 3)	-0.066 0 *** (0.013 1)	-0.036 1 *** (0.009 0)	-0.019 4 ** (0.009 8)
官员特征 (offi)	-0.000 8 (0.004 6)	-0.002 4 (0.004 3)	-0.002 9 (0.003 1)	0.003 7 (0.003 4)
地方政府重视程度 (atta)	0.092 4 (1.624 3)	5.201 6 ** (1.694 9)	2.033 5 * (1.233 3)	1.713 7 (1.202 6)
人口密度 (lnden)	0.008 2 * (0.004 2)	0.011 9 ** (0.004 6)	0.009 7 ** (0.003 7)	0.005 6 ** (0.002 7)

续表

变量	（1） 合作期限长	（2） 合作期限短	（3） 偏向非政府付费	（4） 偏向政府付费
对外开放程度 （open）	-2.773 2** （0.891 7）	-3.397 4** （1.237 2）	-4.251 9*** （0.979 4）	-1.038 5 （0.702 5）
常数项	0.636 4*** （0.077 8）	0.382 7*** （0.089 2）	0.437 4*** （0.069 3）	0.673 2*** （0.057 0）
sigma_u	0.032 2*** （0.003 1）	0.059 6*** （0.004 0）	0.045 6*** （0.003 0）	0.024 8*** （0.002 3）
sigma_e	0.043 2*** （0.001 9）	0.053 9*** （0.001 8）	0.037 6*** （0.001 3）	0.032 5*** （0.001 5）
样本量	719	1 227	1 169	749

注：括号内为系数的标准误差，＊、＊＊、＊＊＊分别表示结果在 10%、5% 与 1% 的水平上显著。表格中报告的是边际效应。

6.3.3.4　回报机制异质性

回报机制决定了社会资本参与环保 PPP 项目的收益来源，为探讨不同回报机制下环保 PPP 项目对环境治理效率的影响，本书以第 3 章中 2 456 个环保 PPP 项目回报机制的平均值 2.3 为基础，参考梅建明和绍鹏程（2022）的方法，根据回报机制综合得分是否大于 2.3，将样本分为偏向非政府付费和偏向政府付费两类，并分别进行回归分析。回归结果见表 6 - 7 的第（3）列、第（4）列，可以看出，偏向非政府付费的环保 PPP 项目对环境治理效率仍具有显著正向影响，而偏向政府付费的环保 PPP 项目对环境治理效率虽然仍存在正向影响，但影响效应不显著。其可能的原因在于，非政府付费的环保 PPP 项目以使用者付费为主，不足部分由政府给予补助，此类项目存在直接的使用者，出于满足使用者的要求以顺利获得回报等目的，企业更加注重项目的实施成效。且此类项目以垃圾及污水处理项目为主，与民众生活息息相关，项目实施效果直观可见，因此对环境治理的效率具有直接显著正向影响。而对于偏向政府付费的项目，一方面，此类项目由财政直接付费，一定程度上存在政府兜底的情况，且目前环保 PPP 项目绩效评价指标仍有待完善，政府按效付费机制有待健全。在此背景下，企业存在降低项目实施要求以增加企业收益等激励，导致项目实施成效未达到预期，且由于政府付费类项目仍是由政府财政支出项目所需费用，因此对于减少政府在环境领域的各项投入所起的作用较为有限。另一方面，政府付费项目中综合治理项目占有较大比例，相较于污水及垃圾处理等见效快的项目，综合治理项目往往涉及河流综合治理、人居环境综合整治等领域，项目实施周期较长、投入规模较大且见效相对较慢，对于短期环境治理效率难以产生显著提升作用。

6.3.4　机制检验

为进一步分析环保 PPP 项目影响环境治理效率的内在机制，本书通过构建双向固定面板模型分别对环保 PPP 项目与政府环保支出压力以及绿色技术创新进行回归。同时，由于被解释变量发生变化，本书相应地对控制变量进行调整。关于环保 PPP 项目对地方政府环保支出压力的回归结果见表 6 - 8 的第（1）列、第(2)列，可以看出，环保 PPP 项目能够显著降低地方政府在环保领域的支出压力。根据本书第 2 章理论部分的分析，环保 PPP 项目可以通过选择优质社会资本降低项目实施过程成本、将部分成本转移给使用者以及简化项目采购流程进而降低项目交易费用等方式减少政府在环保领域的支出、降低政府环保支出压力。而政府在环保领域支出的减少意味着相较于传统模式，在 PPP 模式中政府可以通过更少的投入换取同样甚至更优的产出水平，且财政压力的减轻也有利于政府更加积极地开展环境治理，更充分地发挥政府投入的治理效果，从而提高环境治理效率（包国宪和关斌，2019）。根据交易费用理论，节约交易费用能够提高效率，而在环保 PPP 项目中，项目交易费用减少是政府财政支出降低的重要因素之一。因此，政府在环保领域财政支出的减少能够有效提高环境治理效率。

表 6－8　　　　　　　　　　作用机制分析

变量	环保支出压力		绿色技术创新	
	（1）	（2）	（3）	（4）
环保 PPP 项目（ppp）	－ 0.001 4 ** （0.000 6）	－ 0.001 0 ** （0.000 5）	0.383 1 *** （0.029 1）	0.130 6 ** （0.040 2）
地区经济发展水平（lnpgdp）	—	－ 0.003 1 *** （0.000 5）	—	2.890 9 *** （0.318 6）
产业结构（lnind）	—	－ 0.001 3 ** （0.000 4）	—	－ 0.065 7 （0.354 0）
人口密度（lnden）	—	－ 0.002 3 ** （0.000 8）	—	4.142 5 *** （0.442 2）

续表

变量	环保支出压力		绿色技术创新	
	（1）	（2）	（3）	（4）
金融水平 （lnfina）	—	0.002 7*** (0.000 4)	—	1.615 7*** (0.311 4)
财政透明度 （lntran）	—	—	—	−0.049 3 (0.082 0)
对外开放程度 （open）	—	—	—	0.011 4 (0.046 0)
城镇化水平 （lnurban）	—	−0.004 2** (0.001 3)	—	—
地方政府重视程度 （atta）	—	−0.032 1 (0.028 9)	—	—
常数项	0.010 3*** (0.000 1)	0.078 0*** (0.007 6)	−2.234 6*** (0.352 9)	−55.078 8*** (5.534 0)
控制城市	YES	YES	YES	YES
控制年份	YES	YES	YES	YES
样本量	1 946	1 946	1 946	1 946
R^2	0.084	0.355	0.145	0.230

注：括号内为系数的标准误差，*、**、***分别表示结果在10%、5%与1%的水平上显著。

关于环保 PPP 项目对于绿色技术创新的回归结果见表 6 − 8 的第（3）列、第（4）列，可以看出，环保领域 PPP 模式的应用能够显著促进绿色技术创新，这一结论在加入一系列控制变量后依然稳健。作为绿色发展的重要载体，环保 PPP 项目对于排放产物的要求非常高，许多环保 PPP 项目都要求产物对环境的影响尽可能小，甚至达到零二次污染，而先进的绿色技术能够助力企业达到预期的排放标准及治理目标。对此，企业要不断开展绿色技术创新活动以提高其处理技术及工艺。这些绿色技术创新成果应用到环境治理领域后，一方面可以优化生产方式在提高要素生产率的同时，降低相关污染物的排放；另一方面污染治理技术的创新也可以提高项目产出水平、提升污染物的处理效率。因此，技术创新可以从前端防御和终端治理两个方面发力，共同提高环境治理效率（王鹏和谢丽文，2014；廖果平和秦剑美，2022；Li et al.，2022）。综上，假设 H3 得证。

6.4　本章小结

近年来，我国高度重视生态文明建设，提倡绿色低碳发展，环境基础设施与服务的供给数量及质量亟待提升，然而受经济下行以及减税降费等因素影响，地方政府财政收入增速趋缓但同期财政支出却不断攀升，地方政府面临财政资金不足的窘境。因此，具有激发市场主体活力、扩大有效投资等优势的 PPP 模式成为政府提供环境公共基础设施与服务的重要手段。基于上述背景，本章立足于环保 PPP 项目，从环境治理效率的角度对环保 PPP 项目实施成效进行客观评价，以期为进一步规范和推广环保 PPP 项目发展、促进我国环保领域市场化改革提供一定的参考。

　　具体来看，首先，本章通过结合第 2 章中的理论介绍部分，从理论层面系统地诠释了环保 PPP 项目是如何影响环境治理效率，接着对环保 PPP 项目影响环境治理效率的具体作用机制以及不同内外部关联因素下环保 PPP 项目对环境治理效率的异质性影响提出相应的研究假设。

　　其次，通过对财政部 CPPPC 项目管理库中环保 PPP 项目微观数据的整理，并将其与地市级宏观面板数据进行匹配，利用构建随机效应面板 Tobit 模型与双向固定效应模型来对本章中提出的假设进行实证检验。接着，分别从异质性和作用机制角度进行了深入分析。研究发现，环保 PPP 项目的实施有利于提高地区环境治理效率，且项目所处地区的经济发展水平、政府环境治理重视程度和人口密度皆能很好地助力当地环境治理效率的提升，而产业结构、官员特征、对外开放程度因素则恰恰相反，或者作用不明显。异质性检验发现，在市场化程度更高以及环境规制更强的地区，环保 PPP 项目对环境治理效率的提升效应更为明显，而就项目本身来看，目前合作期限较短的项目对于环境治理效率的提升作用更强，另外，相较于政府付费类项目，以使用者付费及可行性缺口补助为回报机制的环保 PPP 项目更能提升环境治理效率。机制检验发现，环保 PPP 项目可以通过缓解政府在环保领域的支出压力以及激励企业进行绿色技术创新两条作用路径提升环境治理效率。

最后，通过综合理论分析内容和实证研究结果，本章主要提出以下几点建议。

（1）提高环保领域政策支持力度，发挥财政资金社会资本撬动作用。近年来，我国政府对生态环境治理的重视程度不断提高，相关政策红利更是不断加码，但地方层面仍欠缺与之相配套的政策措施，使 PPP 模式应用于环保领域的积极效应得不到充分发挥，故此，政府部门应当提高对环保领域的政策支持力度。同时，也需要持续发挥财政资金的社会资本撬动作用，通过 PPP 模式将社会资本引入环保领域，挖掘社会资本潜力、激发民间投资活动，共同助力于绿色低碳发展。

（2）推动保障环保 PPP 项目规范运行相关制度建设，并不断拓展项目融资渠道，进而提升环保 PPP 项目的持续造血能力。环保 PPP 项目的特点在于多领域、多环节、多主体，其从建设到运营往往需要以一整套规范性文件作为指导、以完善的制度体系作为保障，所以需要加快推动有关环保 PPP 领域的顶层设计。同时，环保 PPP 项目作为政企合作项目，极少数垃圾及污水处理项目能够通过使用者付费的方式获得回报外，大部分项目仍过于依赖政府财政付费或补贴获取回报。因此，为保证项目的平稳运行，非常有必要进一步拓宽项目融资渠道。

（3）持续优化项目实施外部环境，促进环保 PPP 项目不断提质增效。良好的外部环境对于吸引社会资本参与尤为重要，会进一步提振企业参与环保 PPP 项目的信心。根据本章的研究结果可以发现，存在一定的外部因素会显著影响环保 PPP 对环境治理效应的提升作用。基于此，推动环保 PPP 项目持续优化很有必要，能够让环保 PPP 项目的实际应用成效得到提升。

第 7 章
研究结论与政策启示

7.1 研究结论

在生态治理市场化改革的背景下，政府与社会资本合作模式能否成为生态治理能力提升的合理选择，是决策者与学者关注的焦点。通过上述章节的实证分析，主要得出以下四点结论。

（1）在我国，环保类 PPP 项目的实施有利于提高生态环境治理效率，且适度扩大项目落地规模的作用更为显著。具体来看，环保类 PPP 项目落地规模的扩大对空气质量方面的提升作用尤为显著，而对污水集中处理率的提升作用次之，对垃圾无害化处理率的正向效应最弱。此外，该类 PPP 项目落地主要通过提升资源配置效率、优化政府环境监管职能两条路径来提升污染治理能力，且提升资源配置效率这一路径的作用更为普遍，监管职能优化机制则主要体现在对污水与空气污染治理上，而通过环保产业发展与驱动绿色技术创新以促进污染治理的路径目前仍不明显。

（2）在我国，项目审批效率越高、财政承受能力越强、社会资本参与越充分的城市，越有利于释放环保类 PPP 项目落地所产生的污染治理效应。进一步研究此类 PPP 落地项目污染治理效应的提升路径发现，当前亟须厘清地方政府在 PPP 模式中的作用边界，强化对 PPP 项目的规范化约束，并逐渐完善 PPP 项目财政信息公开，方能持续发挥环保类 PPP 项目落地的污染治理效应。

（3）从作用机制来看，环保 PPP 项目可以从两方面提高环境治理效率。一方面，PPP 模式在环保领域的应用可以减少政府在环保领域的相关投入，从而缓解政府在环保领域的支出压力；另一方面，环保 PPP 项目的实施可以促进社会资本进行绿色技术创新进而提升项目产出水平。因此，环保 PPP 项目从投入端和产出端共同发力，有效提升了污染治理成效，提高环境治理效率。

（4）在不同的内外部因素影响下，环保 PPP 项目对环境治理效率的提升效应存在异质性。具体来看，就项目外部因素而言，在市场化程度更高以及环境规制更强的地区，环保 PPP 项目对环境治理效率的提升效应也更为显著。而从项目自身内部因素来看，合作周期较短的项目对于环境治理效率的提升作用更为明显，相较于政府付费类项目，以非政府付费方式即使用者付费和可行性缺口补助为回报机制的项目更能提升环境治理效率。

7.2 政策启示

结合上述结论，本书提出以下四点建议。

（1）充分发挥环保类 PPP 项目生态治理优势，加快补足补强短板领域发展。在环保类 PPP 项目应用于生态治理的具体实践中，应当充分利用其在生态环境治理上的优势，加快推进项目落地，补强短板领域发展，进一步释放该类 PPP 落地项目扩大对提升资源配置效率的积极效应，优化环保类社会资本市场环境，为其精准配套财政、税收及土地等相关优惠政策，不断促进其污染治理的最终产出能力。此外，在补足短板方面，应当加大政策支持力度，发挥财政资金撬动作用。对此，中央政府要激励地方政府尤其是中西部地区政府，在自身财政承受范围内积极规范地通过 PPP 模式提供环境公共基础设施及服务，补齐垃圾无害化处理等短板领域，加快推进环保项目落地，充分发挥环保 PPP 项目的优势，释放环保 PPP 项目在环境治理方面的积极效应。另外，对于西部等社会资本参与热情较低的地区，政府应该为环保 PPP 项目配备土地、财政以及税收等相关优惠政策，激励社会资本参与环保 PPP 项目，提高环境基础设施及服务的供给水平。对于如何发挥政府资金的撬动作用方面，政府部门应当持续发挥财政资金的撬动作用，并通过 PPP 模式将社会资本引入环保领域，挖掘社会资本潜力、激发民间投资活力，加大社会资本在环境治理方面的投资，助力绿色低碳发展；创新专项债务资金以及政策性开发性金融工具的使用，借助金融工具支持环保 PPP 项目，不断发挥政府资金对社会资本的引导作用。同时，在多年的投资建设过程中，我国在环保领域形成了大量存量资产，随着 PPP 模式的不断规范完善，对于这些存量资产可以通过 PPP 模式，将其经营及收费权等让渡给社会资本，由社会资本通过创新管理模式、运用先进技术等方式对存量资产进行有效盘活，提升环保领域相关存量项目的运营及供给能力。

（2）推动配套制度体系的完善，优化政府监管职能，保障环保 PPP 项目规范运行。自 2014 年 PPP 模式在我国得到大力推行以来，与 PPP 模式相关的问题不断增加，涉及多个方面，比如，法律体系不健全、配套制度不完善等。这些问题导致部分地方政府将 PPP 模式错误地异化为融资工具，进而影响了项目实施成效、增加政府隐性债务风险。对此，十分有必要完善相关制度体系，优化政府监管职能，以保障环保 PPP 项目规范运行。首先，要完善相关法律体系，为环保 PPP 项目的规范发展提供有力的法律保障。对此，政府部门应加快 PPP 的立法进程，完善顶层设计，制定专门的法律，明确在 PPP 项目中政府及社会资本的权责范围、厘清 PPP 模式与其他非传统投融资模式的边界、确定 PPP 模式中主要环节的制度体系，强化法律保障，严防部分地方政府将 PPP 异化，影响 PPP 模式的发展及应用。其次，需要优化污染治理监管职能，加强环境监测技术投入力度。政府部门需积极提高财政环保资金的使用效率，扩大环境监管与运行保障能力建设的投入比重，做好 PPP 项目合作中服务者与监督者的角色；同时，充分发挥财政资金引导作用，鼓励专业性强、创新程度高的智慧型民营企业参与环境类 PPP 项目，加强环境监测方面数据的交流与共享，充分利用大数据技术完善环境监管系统的网络化。最后，应当积极作为，加快落实对环保类 PPP 项目全生命周期的财政信息公开制度的完善。即坚持公开、公正、透明的财政资金使用原则，全面推进预算绩效管理在各地区环境类 PPP 项目全生命周期中的应用，合理安排财政支出责任，严格落实项目产出与绩效相挂钩，科学、谨慎地实施决策，进而规避项目潜在风险。

（3）积极拓宽环保 PPP 项目融资渠道，提升项目造血能力，实现项目可持续发展。环保 PPP 项目具有合作时间长、项目成本高等特点，除极少数垃圾及污水处理项目能够通过使用者付费的方式获得回报外，大部分项目仍过于依赖政府财政付费或补贴获取回报。因此，进一步拓宽环保 PPP 项目融资渠道，提升项目自身造血能力对本书具有重要作用。首先，要丰富项目资金来源。对此，可以通过股权融资、债券融资、保险资金以及基本养老金等渠道丰富资金来源，为项目争取更多的资金支持，进而优化融资成本以及结构，使环保 PPP 项目更能发挥环境污染治理的作用。其次，加快构建二级交易市场，健全再融资和退出渠道。通过建立 PPP 项目股权交易平台、推动 PPP 与资金支持专项计划等进行有机结合、完善 PPP 资产证券化规则等方式支持环保 PPP 项目发展；依托各类股权及产权交易市场，通过股权转让等方式健全环保 PPP 项目的融资退出渠道，破解企业因为缺乏合适退出方式而导致对环保 PPP 项目热情较低的困境；同时，为避免企业随意撤资，还要设计完善的退出机制。最后，努力探索"PPP + EOD"融合发展模式，充分利用两个制度各自的优势。一方面，通过 PPP 模式将专业、高效的社会资本引入环境治理领域，另一方面，通过 EOD 模式将投入多但收益差的环保项目与收益较强的关联产业或项目交由同一社会资本方负责。这不仅有助于促进环保项目整体投入与产出相平衡，还能进一步挖掘项目的内在价值，促使项目的环境效益转化为经济效益，使更多优质社会资本参与环境治理领域。

（4）持续优化环保 PPP 项目实施外部环境，助力环保 PPP 项目实际作用的有效发挥。环保 PPP 项目实施所能够带来的实际作用不仅仅取决于项目本身，其还会受到外部因素的影响，如市场化强度、环境规制程度等。若忽视了外部因素对环保 PPP 项目实际作用的影响，则往往产生效果不好等问题。对此，政府机构需要不断优化环保 PPP 项目实施的外部环境，使环保 PPP 项目能够更加有效地发挥作用。一是不断提升地区市场化程度，营造良好的营商环境，如各地区政府应做好信息公开工作；二是要建立公平、公正的竞争机制，适当降低项目准入门槛；三是要健全社会信用体系，增强社会资本投资信心。由于在 PPP 模式中，与政府相比，社会资本处于较为弱势的地位。作为 PPP 项目的主要参与方，政府部门的信用水平是项目实施的重要担保，政府失信会产生一系列问题，严重影响社会资本的投资积极性，因此要全面建立法治政府、诚信政府，建立政府失信追责制度以及 PPP 项目长期问责机制，将 PPP 项目与政府官员责任相挂钩，规范政府行为。除此之外，政府部门还可以通过适度增强环境规制和激励企业绿色技术创新来助力环保 PPP 项目实际作用的有效发挥。由于环保 PPP 项目实施成果的直接使用者和收益人都是社会公众，要使项目成果能够满足公众需要、真正让公众收益，政府就要建立完善的公众参与机制，保障社会公众在环保领域的知情权、参与权以及监督权，提高公众环保参与度，畅通公众举报及投诉渠道，约束企业行为，以此实现政府、企业、公众的良性互动，提升环保 PPP 项目实施成效及供给效率。另外，由于企业绿色技术创新对提高环境治理效率具有重要作用，因此，政府除了通过环境规制等手段倒逼企业进行绿色技术创新外，还可以通过财政补贴、税收优惠等方式激励参与环保 PPP 项目的企业主动进行绿色技术创新，促进项目提质增效。

参考文献

［1］包国宪，关斌. 财政压力会降低地方政府环境治理效率吗——个被调节的中介模型［J］. 中国人口·资源与环境，2019，29（04）：38 – 48.

［2］鲍勃·杰索普. 治理兴起及其失败的风险：以经济发展为例的论述［J］. 国际社会科学，1992（02）：31 – 78.

［3］鲍曙光. 农业领域政府和社会资本合作是否推动了县域农业经济发展？——基于多期倍差法的经验证据［J］. 中国农村经济，2022（01）：61 – 75.

［4］蔡显军，吴卫星，徐佳. 晋升激励机制对政府和社会资本合作项目的影响［J］. 中国软科学，2020（03）：150 – 160.

［5］曹婧，毛捷. 财政分权与环境污染——基于预算内外双重视角的再检验［J］. 中国人口·资源与环境，2022，32（04）：80 – 90.

［6］曹廷求，张翠燕，杨雪. 绿色信贷政策的绿色效果及影响机制——基于中国上市公司绿色专利数据的证据［J］. 金融论坛，2021，26（05）：7 – 17.

　　[7] 曹亚军．要素市场扭曲如何影响了资源配置效率：企业加成率分布的视角 [J]．南开经济研究，2019（06）：18 - 36，222．

　　[8] 陈强．高级计量经济学及 Stata 应用 [M]．北京：高等教育出版社，2014：243 - 248．

　　[9] 陈志勇，毛晖，张佳希．地方政府性债务的期限错配：风险特征与形成机理 [J]．经济管理，2015，37（05）：12 - 21．

　　[10] 戴魁早．技术市场发展对出口技术复杂度的影响及其作用机制 [J]．中国工业经济，2018（07）：117 - 135．

　　[11] 杜焱强，刘瀚斌，陈利根．农村人居环境整治中 PPP 模式与传统模式孰优孰劣？——基于农村生活垃圾处理案例的分析 [J]．南京工业大学学报（社会科学版），2020，19（01）：59 - 68，112．

　　[12] 范子英，赵仁杰．法治强化能够促进污染治理吗？——来自环保法庭设立的证据 [J]．经济研究，2019，54（03）：21 - 37．

　　[13] 冯净冰，章韬，陈钊．政府引导与市场活力——中国 PPP 项目的社会资本吸纳 [J]．经济科学，2020（05）：19 - 31．

　　[14] 凤亚红，李娜，曹枫．基于案例的 PPP 模式运作成功的关键影响因素研究 [J]．科技管理研究，2018，38（05）：227 - 231．

　　[15] 凤亚红，李娜，左帅．PPP 项目运作成功的关键影响因素研究 [J]．财政研究，2017（06）：51 - 58．

[16] 盖伊·彼得斯，吴爱明等译．政府未来的治理模式 [M]．北京：中国人民大学出版社，2001．

[17] 郭威，郑子龙．专有技术转让、融资成本差异与 PPP 最优股权架构：来自发展中国家的实证研究 [J]．世界经济研究，2018（12）：96－114，134．

[18] 胡晓珍，杨龙．中国区域绿色全要素生产率增长差异及收敛分析 [J]．财经研究，2011，37（04）：123－134．

[19] 胡忆楠，丁一兵，王铁山．"一带一路"沿线国家 PPP 项目风险识别及应对 [J]．国际经济合作，2019，399（03）：132－140．

[20] 黄昊，段康，蔡春．上市公司参与 PPP 项目会影响审计收费吗？[J]．南京审计大学学报，2023，20（01）：18－28．

[21] 黄溶冰，王丽艳．环境审计在碳减排中的应用：案例与启示 [J]．中央财经大学学报，2011，288（08）：86－90．

[22] 贾康，孙洁．公私伙伴关系（PPP）的概念、起源、特征与功能 [J]．财政研究，2009（10）：2－10．

[23] 贾康，吴昺兵．PPP 财政支出责任债务属性问题研究——基于政府主体风险合理分担视角 [J]．财贸经济，2020，41（09）：5－20．

[24] 江艇．因果推断经验研究中的中介效应与调节效应 [J]．中国工业经济，2022（05）：100－120．

[25] 姜竹，徐思维，刘宁．信息基础设施、公共服务供给

效率与城市创新——基于"宽带中国"试点政策的实证研究 [J]. 城市问题, 2022 (01): 53 - 64.

[26] 蒋和胜, 孙明茜. 碳排放权交易、产业结构与地区减排 [J]. 现代经济探讨, 2021 (11): 65 - 73.

[27] 兰兰, 高成修. 基于 AHP 的 PPP 绩效评估体系研究 [J]. 海南大学学报 (人文社会科学版), 2013, 31 (03): 115 - 119.

[28] 李繁荣, 戎爱萍. 生态产品供给的 PPP 模式研究 [J]. 经济问题, 2016, 448 (12): 11 - 16.

[29] 李凤, 武晋, 吴远洪. 政府与社会资本合作 (PPP) 为何签约容易落地难——基于西南地区的分析 [J]. 财经科学, 2021 (06): 118 - 132.

[30] 李强. 河长制视域下环境分权的减排效应研究 [J]. 产业经济研究, 2018, 94 (03): 53 - 63.

[31] 李雪灵, 王尧. PPP 模式下地方政府隐性债务风险防范研究 [J]. 求是学刊, 2021, 48 (05): 67 - 74.

[32] 李奕霖, 李智超. 府际合作、财政自主性与区域环境治理绩效——基于京津冀和长三角城市群的分析 [J]. 城市问题, 2022 (02): 13 - 22.

[33] 李毅, 胡宗义, 周积琨, 龚弼邦. 环境司法强化、邻近效应与区域污染治理 [J]. 经济评论, 2022 (02): 104 - 121.

[34] 李永强, 苏振民. PPP 项目风险分担的博弈分析 [J]. 基建优化, 2005 (05): 19 - 21, 24.

［35］李泽众.绿色信贷政策变迁与企业环境治理行为选择——《绿色信贷指引》出台前后的实证比较［J］.上海经济研究,2023（02）：104-114.

［36］李治国,王杰.中国碳排放权交易的空间减排效应：准自然实验与政策溢出［J］.中国人口·资源与环境,2021,31（01）：26-36.

［37］廖果平,秦剑美.绿色技术创新能否有效改善环境质量?——基于财政分权的视角［J］.技术经济,2022,41（04）：17-29.

［38］刘华珂,何春.绿色金融促进城市经济高质量发展的机制与检验——来自中国272个地级市的经验证据［J］.投资研究,2021,40（07）：37-52.

［39］刘穷志,任静.社会资本参与PPP模式的"素质"研究——来自中国上市公司的证据［J］.经济与管理评论,2017,33（06）：38-46.

［40］刘尚希,许航敏,葛小南等.地方政府投融资平台：风险控制机制研究［J］.经济研究参考,2011（10）：28-38.

［41］刘伟,陈彦斌.以高质量发展实现中国式现代化目标［J］.中国高校社会科学,2022（06）：33-40,155.

［42］刘亦文,王宇,胡宗义.中央环保督察对中国城市空气质量影响的实证研究——基于"环保督查"到"环保督察"制度变迁视角［J］.中国软科学,2021（10）：21-31.

［43］刘宇，温丹辉，王毅，孙振清．天津碳交易试点的经济环境影响评估研究——基于中国多区域一般均衡模型 TermCO$_2$ ［J］．气候变化研究进展，2016，12（06）：561 - 570.

［44］卢佳友，周宁馨，周志方，曾辉祥．"水十条"对工业水污染强度的影响及其机制［J］．中国人口·资源与环境，2021，31（02）：90 - 99.

［45］陆菁，鄢云，王韬璇．绿色信贷政策的微观效应研究——基于技术创新与资源再配置的视角［J］．中国工业经济，2021（01）：174 - 192.

［46］逯进，赵亚楠，苏妍．"文明城市"评选与环境污染治理：一项准自然实验［J］．财经研究，2020，46（04）：109 - 124.

［47］马文超，夏烨．环境资源约束、企业战略选择与环境报告——兼述环境会计研究中的基本问题［J］．会计与经济研究，2020，34（04）：79 - 95.

［48］梅建明，罗惠月．PPP 对公共基础设施供给效率的影响［J］．中南财经政法大学学报，2019（06）：94 - 102.

［49］梅建明，邵鹏程．PPP 模式的经济增长质量效应研究——来自微观层面的证据［J］．南方经济，2022（09）：1 - 17.

［50］梅建明，邵鹏程．政府参股与社会资本企业性质对 PPP 融资约束的影响研究［J］．软科学，2022，36（08）：115 - 122.

［51］缪小林，程李娜．PPP 防范我国地方政府债务风险的逻辑与思考——从"行为牺牲效率"到"机制找回效率"［J］．

财政研究, 2015 (08): 68 - 75.

[52] 聂艳红. 依托项目区分理论建立合理的收益机制 [N]. 中国会计报, 2010 - 09 - 24 (004).

[53] 裴俊巍, 曾志敏. 经济效率与政治价值: 对公私伙伴关系 (PPP) 的反思 [J]. 河北经贸大学学报, 2017, 38 (05): 16 - 21.

[54] 彭璟, 李军, 丁洋. 低碳城市试点政策对环境污染的影响及机制分析 [J]. 城市问题, 2020 (10): 88 - 97.

[55] 秦士坤, 王雅龄, 杨晓雯. 政策创新扩散与 PPP 空间分布 [J]. 财贸经济, 2021, 42 (10): 70 - 86.

[56] 秦颖, 徐光. 环境政策工具的变迁及其发展趋势探讨 [J]. 改革与战略, 2007 (12): 51 - 54, 72.

[57] 秦颖, 曾贤刚, 许志华. 基于 PPP 模式推动生态产品供给侧改革 [J]. 干旱区资源与环境, 2018, 32 (04): 7 - 12.

[58] 仇娟东, 黄海楠, 赵军. "一带一路" 沿线国家 PPP 项目发起政府级别如何影响私人部门的投资额: "差序信任" 还是 "贴近市场"? [J]. 财政研究, 2020 (01): 96 - 112.

[59] 沈坤荣, 金刚. 中国地方政府环境治理的政策效应——基于 "河长制" 演进的研究 [J]. 中国社会科学, 2018, 269 (05): 92 - 115, 206.

[60] 沈言言, 郭峰, 李振. 地方政府自有财力、营商环境和 PPP 项目的引资 [J]. 财贸经济, 2020, 41 (12): 68 - 84.

[61] 沈言言，李振. 地方政府自有财力对私人部门参与 PPP 项目的影响及其作用机制 [J]. 财政研究，2021 (01)：116 - 129.

[62] 沈言言，宗庆庆. 区位劣势、PPP 项目社会资本参与和引资质量 [J]. 财政研究，2022 (10)：46 - 59.

[63] 沈永建，于双丽，蒋德权. 空气质量改善能降低企业劳动力成本吗？ [J]. 管理世界，2019，35 (06)：161 - 178，195 - 196.

[64] 施业家，吴贤静. 生态红线概念规范化探讨 [J]. 中南民族大学学报（人文社会科学版），2016，36 (03)：149 - 153.

[65] 石大千，丁海，卫平，刘建江. 智慧城市建设能否降低环境污染 [J]. 中国工业经济，2018 (06)：117 - 135.

[66] 石磊. 地方政府双重目标管理与环境污染——基于中国城市数据的经验研究 [J]. 财经理论与实践，2022，43 (01)：104 - 113.

[67] 宋德勇，李超，李项佑. 新型基础设施建设是否促进了绿色技术创新的"量质齐升"——来自国家智慧城市试点的证据 [J]. 中国人口·资源与环境，2021，31 (11)：155 - 164.

[68] 苏萌，卢新生，钱玉波. PPP 政策对 PPP 板块上市公司的影响效应——基于 A 股市场 PPP 板块股票价格与公司价值 [J]. 财会通讯，2018 (32)：23 - 27，129.

[69] 孙伟. 基础设施建设 PPP 模式融资的经验性规律及策略优化——基于两个典型案例的分析 [J]. 经济纵横，2019，

404 (07)：120 - 128.

［70］汤铃，武佳倩，戴伟，余乐安．碳交易机制对中国经济与环境的影响［J］．系统工程学报，2014，29（05）：701 - 712.

［71］汤韵，梁若冰．两控区政策与二氧化硫减排——基于倍差法的经验研究［J］．山西财经大学学报，2012，34（06）：9 - 16.

［72］唐兴霖，周军．公私合作制（PPP）可行性：以城市轨道交通为例的分析［J］．学术研究，2009（02）：60 - 65，160.

［73］田利辉，关欣，李政，李鑫．环境保护税费改革与企业环保投资——基于《环境保护税法》实施的准自然实验［J］．财经研究，2022，48（09）：32 - 46，62.

［74］田培杰．协同治理概念考辨［J］．上海大学学报（社会科学版），2014，31（01）：124 - 140.

［75］汪峰，熊伟，张牧扬，钟宁桦．严控地方政府债务背景下的PPP融资异化——基于官员晋升压力的分析［J］．经济学（季刊），2020，19（03）：1103 - 1122.

［76］汪立鑫，左川，李苍祺．PPP项目是否提升了基础设施的产出效率？［J］．财政研究，2019（01）：90 - 102.

［77］王凤荣，王玉璋，高维妍．环保法庭的设立是环境治理的有效机制吗？——基于企业绿色并购的实证研究［J］．山东大学学报（哲学社会科学版），2023（03）：85 - 100.

［78］王慧娜，谢秋婷，张洁銮．环保督查中心的驻地效应存在吗？——基于省级政府环境治理数据的实证［J］．华侨大学学报（哲学社会科学版），2022，153（06）：87－98．

［79］王俊豪，付金存．公私合作制的本质特征与中国城市公用事业的政策选择［J］．中国工业经济，2014（07）：96－108．

［80］王连芬，赵园，王良健．低碳试点城市的减碳效果及机制研究［J］．地理研究，2022，41（07）：1898－1912．

［81］王培培，陈林云．绿色发展理念的内在逻辑及其践行路径——以经济发展与保护环境之间的关系为视角［J］．思想理论教育导刊，2019（05）：95－98．

［82］王鹏，谢丽文．污染治理投资、企业技术创新与污染治理效率［J］．中国人口·资源与环境，2014，24（09）：51－58．

［83］王染，徐运保．基于双重差分模型的参与 PPP 项目与企业技术创新关系研究［J］．运筹与管理，2022，31（05）：226－232．

［84］王先甲，袁睢秋，林镇周，赵金华，秦颖．考虑公平偏好的双重信息不对称下 PPP 项目激励机制研究［J］．中国管理科学，2021，29（10）：107－120．

［85］王育宝，陆扬，王玮华．经济高质量发展与生态环境保护协调耦合研究新进展［J］．北京工业大学学报（社会科学版），2019，19（05）：84－94．

［86］王卓君，郭雪萌，李红昌．地区市场化进程会促进地

方政府选用 PPP 模式融资吗？——基于基础设施领域的实证研究 [J]. 财政研究，2017，416（10）：54 - 64，91.

[87] 吴明琴，周诗敏. 环境规制与污染治理绩效——基于我国"两控区"的实证研究 [J]. 现代经济探讨，2017，429（09）：7 - 15.

[88] 吴卫星，刘细宪. PPP 参与影响企业储蓄的作用机制研究——来自中国 A 股上市公司的证据 [J]. 广西大学学报（哲学社会科学版），2019，41（02）：72 - 81.

[89] 吴亚平. 基础设施存量资产引入 PPP 模式研究 [J]. 宏观经济研究，2020（02）：84 - 91.

[90] 吴义东，陈卓，陈杰. 地方政府公信力与 PPP 项目落地规模——基于财政部 PPP 项目库数据的研究 [J]. 现代财经（天津财经大学学报），2019，39（11）：3 - 13.

[91] 席鹏辉，梁若冰，谢贞发. 税收分成调整、财政压力与工业污染 [J]. 世界经济，2017，40（10）：170 - 192.

[92] 席鹏辉. 财政激励、环境偏好与垂直式环境管理——纳税大户议价能力的视角 [J]. 中国工业经济，2017（11）：100 - 117.

[93] 夏颖哲. 规范发展政府和社会资本合作（PPP）模式为绿色发展增动力添活力 [J]. 环境保护，2022，50（16）：45 - 47.

[94] 谢琳璐. PPP 融资模式结构的风险分担探讨 [J]. 现代经济信息，2014（21）：338.

［95］熊波，杨碧云. 命令控制型环境政策改善了中国城市环境质量吗？——来自"两控区"政策的"准自然实验"［J］. 中国地质大学学报（社会科学版），2019，19（03）：63 - 74.

［96］徐军委. "双碳"目标下经济高质量发展与生态环境保护协同发展研究——以京津冀地区为例［J］. 经济体制改革，2023（01）：61 - 69.

［97］徐英启，程钰，王晶晶，刘娜. 中国低碳试点城市碳排放效率时空演变与影响因素［J］. 自然资源学报，2022，37（05）：1261 - 1276.

［98］徐盈之，范小敏，童皓月. 环境分权影响了区域环境治理绩效吗？［J］. 中国地质大学学报（社会科学版），2021，21（03）：110 - 124.

［99］许安拓，张驰. 市级财政透明度对财政教育资金使用效率的影响研究［J］. 中央财经大学学报，2021（03）：15 - 23.

［100］杨丽，孙之淳. 基于熵值法的西部新型城镇化发展水平测评［J］. 经济问题，2015（03）：115 - 119.

［101］杨琴，黄维娜. 我国环境保护"费改税"的必要性和可行性分析［J］. 税务研究，2006（07）：34 - 37.

［102］杨彤，李欣宇. 环境类 PPP 项目与污染治理——基于项目落地规模的研究［J］. 会计与经济研究，2023，37（02）：135 - 157.

［103］杨秀汪，李江龙，郭小叶. 中国碳交易试点政策的碳

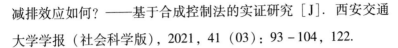

减排效应如何？——基于合成控制法的实证研究 [J]. 西安交通大学学报（社会科学版），2021，41（03）：93 - 104，122.

[104] 姚东旻，邓涵. 为什么 PPP 的行业使用分布不均——一个基于行业特征的最优合约设计 [J]. 财贸经济，2017，38（10）：82 - 98.

[105] 姚东旻，李军林. 条件满足下的效率差异：PPP 模式与传统模式比较 [J]. 改革，2015（02）：34 - 42.

[106] 姚东旻，刘思旋，李军林. 基于行业比较的 PPP 模式探究 [J]. 山东大学学报（哲学社会科学版），2015（04）：23 - 33.

[107] 于连超，张卫国，毕茜. 环境保护费改税促进了重污染企业绿色转型吗？——来自《环境保护税法》实施的准自然实验证据 [J]. 中国人口·资源与环境，2021，31（05）：109 - 118.

[108] 余晓钟，张丽俊，郎文勇. 伙伴关系视角下 PPP 项目风险控制模型研究 [J]. 贵州社会科学，2017（06）：116 - 120.

[109] 余泳泽，孙鹏博，宣烨. 地方政府环境目标约束是否影响了产业转型升级？[J]. 经济研究，2020，55（08）：57 - 72.

[110] 余泳泽，尹立平. 中国式环境规制政策演进及其经济效应：综述与展望 [J]. 改革，2022（03）：114 - 130.

[111] 喻开志，王小军，张楠楠. 国家审计能提升大气污染治理效率吗？[J]. 审计研究，2020（02）：43 - 51.

[112] 喻旭兰，周颖. 绿色信贷政策与高污染企业绿色转

型：基于减排和发展的视角［J］. 数量经济技术经济研究，2023，40（07）：179 - 200.

［113］臧传琴，孙鹏. 低碳城市建设促进了地方绿色发展吗？——来自准自然实验的经验证据［J］. 财贸研究，2021，32（10）：27 - 40.

［114］曾昌礼，李江涛. 政府环境审计与环境绩效改善［J］. 审计研究，2018（04）：44 - 52.

［115］翟磊，袁慧赟. 政府如何影响 PPP 项目社会资本投资水平——基于 3561 个项目的实证研究［J］. 甘肃行政学院学报，2021，146（04）：97 - 110，127.

［116］张华. 低碳城市试点政策能够降低碳排放吗？——来自准自然实验的证据［J］. 经济管理，2020，42（06）：25 - 41.

［117］张军涛，汤睿. 城市环境治理效率及其影响因素研究［J］. 财经问题研究，2019（06）：131 - 138.

［118］张平，王楠. PPP 视阈下我国地方政府隐性债务风险的空间分布测度与防范对策［J］. 当代财经，2020（12）：39 - 49.

［119］张荣博，钟昌标. 智慧城市试点、污染就近转移与绿色低碳发展——来自中国县域的新证据［J］. 中国人口·资源与环境，2022，32（04）：91 - 104.

［120］张燕妮，黄六招，张国磊. 农村环境治理 PPP 模式的运作困境与优化路径——基于桂南 B 镇的个案考察［J］. 农村经济，2022（06）：58 - 69.

[121] 张曾莲, 原亚男. 参与 PPP 项目对上市公司创新的影响——基于 PSM - DID 方法的实证分析 [J]. 华东经济管理, 2020, 34 (05): 42 - 50.

[122] 张占斌, 毕照卿. 经济高质量发展 [J]. 经济研究, 2022, 57 (04): 21 - 32.

[123] 郑洁, 付才辉, 赵秋运. 发展战略与环境治理 [J]. 财经研究, 2019, 45 (10): 4 - 20, 137.

[124] 郑开放, 赵萱. 政府环境审计能够促进地区污染治理吗? ——基于中国地级市 2008—2018 年的经验证据 [J]. 西南大学学报 (社会科学版), 2022, 48 (04): 130 - 138.

[125] 周常春, 伍梦月. PPP 政策对上市公司股价及价值影响的实证研究 [J]. 区域金融研究, 2018 (07): 14 - 19.

[126] 周迪, 刘奕淳. 中国碳交易试点政策对城市碳排放绩效的影响及机制 [J]. 中国环境科学, 2020, 40 (01): 453 - 464.

[127] 周迪, 周丰年, 王雪芹. 低碳试点政策对城市碳排放绩效的影响评估及机制分析 [J]. 资源科学, 2019, 41 (03): 546 - 556.

[128] 周一成, 廖信林. 要素市场扭曲与中国经济增长质量: 理论与经验证据 [J]. 现代经济探讨, 2018 (08): 8 - 16.

[129] 朱向东, 贺灿飞, 刘海猛等. 环境规制与中国城市工业 SO_2 减排 [J]. 地域研究与开发, 2018, 37 (04): 131 - 137.

[130] 邹薇, 王玮旭. 绿色信贷政策能实现碳排放效率提升

吗? ——基于技术进步与要素结构视角 [J]. 湘潭大学学报 (哲学社会科学版), 2022, 46 (04): 60 – 66.

[131] 敬乂嘉. 从购买服务到合作治理——政社合作的形态与发展 [J]. 中国行政管理, 2014 (07): 54 – 59.

[132] 张波, 姚敏, 姚惠, 等. 生态环境保护领域 PPP 模式的应用与创新 [J]. 河北环境工程学院学报, 2020, 30 (06): 53 – 57.

[133] 陈婉玲. 公私合作制的源流、价值与政府责任 [J]. 上海财经大学学报, 2014, 16 (05): 75 – 83.

[134] 于棋. PPP 模式下政府与社会资本双边匹配博弈分析 [J]. 财政科学, 2021 (10): 57 – 71.

[135] 王守清, 张博, 程嘉旭, 等. 政府行为对 PPP 项目绩效的影响研究 [J]. 软科学, 2020, 34 (03): 1 – 5.

[136] Baron R M, Kenny D A. The Moderator-Mediator Variable Distinction in Social Psychological Research: Conceptual, Strategic, and Statistical Considerations [J]. Journal of Personality and Social Psychology, 1986, 51 (06): 1173.

[137] Bing L, Akintoye A, Edwards P J, et al. The Allocation of Risk in PPP/PFI Construction Projects in the UK [J]. International Journal of Project Management, 2005, 23 (01): 25 – 35.

[138] Biygautane M, Neesham C, Al – Yahya K O. Institutional Entrepreneurship and Infrastructure Public-Private Partnership (PPP):

Unpacking the Role of Social Actors in Implementing PPP Projects [J]. International Journal of Project Management, 2019, 37 (01): 192 – 219.

[139] Cai S, Wang Y, Zhao B, et al. The Impact of the "Air Pollution Prevention and Control Action Plan" on $PM_{2.5}$ Concentrations in Jing-Jin-Ji Region during 2012—2020 [J]. Science of the Total Environment, 2017, 580: 197 – 209.

[140] Cui C, Wang J, Liu Y, et al. Relationships among Value-for-Money Drivers of Public-Private Partnership Infrastructure Projects [J]. Journal of Infrastructure Systems, 2019, 25 (02): 04019007.

[141] Eskeland G S, Jimenez E. Policy Instruments for Pollution Control in Developing Countries [J]. The World Bank Research Observer, 1992, 7 (02): 145 – 169.

[142] Feng Y, Ning M, Lei Y, et al. Defending Blue Sky in China: Effectiveness of the "Air Pollution Prevention and Control Action Plan" on Air Quality Improvements from 2013 to 2017 [J]. Journal of Environmental Management, 2019, 252: 109603.

[143] Gao D, Li G, Li Y, et al. Does FDI Improve Green Total Factor Energy Efficiency under Heterogeneous Environmental Regulation? Evidence from China [J]. Environmental Science and Pollution Research, 2022, 29 (17): 25665 – 25678.

[144] Hueskes M, Verhoest K, Block T. Governing Public-

Private Partnerships for Sustainability: An Analysis of Procurement and Governance Practices of PPP Infrastructure Projects [J]. International Journal of Project Management, 2017, 35 (06): 1184 – 1195.

[145] Kiettikunwong N. The Green Bench: Can an Environmental Court Protect Natural Resources in Thailand? [J]. Environment, Development and Sustainability, 2019, 21 (01): 385 – 404.

[146] Koppenjan J J F M. The Formation of Public-Private Partnerships: Lessons from Nine Transport Infrastructure Projects in the Netherlands [J]. Public Administration, 2005, 83 (01): 135 – 157.

[147] Li G, Gao D, Li Y. Dynamic Environmental Regulation Threshold Effect of Technical Progress on Green Total Factor Energy Efficiency: Evidence from China [J]. Environmental Science and Pollution Research, 2022: 1 – 12.

[148] Li H, Lv L, Zuo J, et al. Dynamic Reputation Incentive Mechanism for Urban Water Environment Treatment PPP Projects [J]. Journal of Construction Engineering and Management, 2020, 146 (08): 04020088.

[149] Li X, Qiao Y, Zhu J, et al. The "APEC blue" Endeavor: Causal Effects of Air Pollution Regulation on Air Quality in China [J]. Journal of Cleaner Production, 2017, 168: 1381 – 1388.

[150] Munir K, Ameer A. Nonlinear Effect of FDI, Economic Growth, and Industrialization on Environmental Quality: Evidence

from Pakistan [J]. Management of Environmental Quality: An International Journal, 2020, 31 (01): 223 - 234.

[151] Nash J. Non-Cooperative Games [J]. Annals of Mathematics, 1951: 286 - 295.

[152] Nie R. Research on Financial Application of PPP Financial Model in Wastewater Treatment Project [J]. Fresenius Environmental Bulletin, 2022, 31 (02): 1690 - 1696.

[153] Ouenniche J, Boukouras A, Rajabi M. An Ordinal Game Theory Approach to the Analysis and Selection of Partners in Public-Private Partnership Projects [J]. Journal of Optimization Theory and Applications, 2016, 169: 314 - 343.

[154] Park H, Lee S, Kim J. Do Public-Private Partnership Projects Deliver Value for Money? An ex Post Value for Money (VfM) Test on Three Road Projects in Korea [J]. International Journal of Urban Sciences, 2018, 22 (04): 579 - 591.

[155] Ryzhenkov M. Resource Misallocation and Manufacturing Productivity: The Case of Ukraine [J]. Journal of Comparative Economics, 2016, 44 (01): 41 - 55.

[156] Sambrani V N. PPP from Asia and African Perspective towards Infrastructure Development: a Case Study of Greenfield Bangalore International Airport, India [J]. Procedia-Social and Behavioral Sciences, 2014, 157: 285 - 295.

[157] Schmidt K M. The Costs and Benefits of Privatization: an Incomplete Contracts Approach [J]. The Journal of Law, Economics, and Organization, 1996, 12 (01): 1 – 24.

[158] Villani E, Greco L, Phillips N. Understanding Value Creation in Public-Private Partnerships: A Comparative Case Study [J]. Journal of Management Studies, 2017, 54 (06): 876 – 905.

[159] Wood D J, Gray B. Toward a Comprehensive Theory of Collaboration [J]. The Journal of Applied Behavioral Science, 1991, 27 (02): 139 – 162.

[160] Xu X, Yang W, Cui Y. The Necessity of PPP Application in Alleviating Public Funds Scarcity under Chinese Population Aging [C] //2012 International Symposium on Management of Technology (ISMOT). IEEE, 2012: 325 – 329.

[161] Xue Y, Wang G. Analyzing the Evolution of Cooperation among Different Parties in River Water Environment Comprehensive Treatment Public-Private Partnership Projects of China [J]. Journal of Cleaner Production, 2020, 270: 121118.

[162] Yang T, Li X, Xing C. Factors that Influence Regional Differences in the Development of Agricultural Public-Private Partnership Projects in China [J]. Transformations in Business & Economics, 2020, 19 (03): 329 – 350.

[163] Yorifuji T, Kashima S. Fine-Particulate Air Pollution

from Diesel Emission Control and Mortality Rates in Tokyo ［J］. Epidemiology, 2016, 27 （06）: 769 – 778.

［164］ Zhang J, Jiang H, Zhang W, et al. Cost-Benefit Analysis of China's Action Plan for Air Pollution Prevention and Control ［J］. Frontiers of Engineering Management, 2019, 6 （04）: 524 – 537.